山西省基础研究计划青年基金项目：镍基高温合金涡轮盘榫槽风冷式砂轮缓进给磨削强制换热机理研究

项目编号：202203021222072

窄深槽磨削风冷式强化换热
技术与理论研究

李光　著

U0253954

中国原子能出版社

图书在版编目（CIP）数据

窄深槽磨削风冷式强化换热技术与理论研究 / 李光
著. -- 北京 ：中国原子能出版社, 2024. 8. -- ISBN
978-7-5221-3588-5

Ⅰ. TG580.6

中国国家版本馆 CIP 数据核字第 20245GQ071 号

窄深槽磨削风冷式强化换热技术与理论研究

出版发行	中国原子能出版社（北京市海淀区阜成路 43 号　100048）
责任编辑	王　蕾
责任印制	赵　明
印　　刷	河北宝昌佳彩印刷有限公司
经　　销	全国新华书店
开　　本	787 mm×1092 mm　1/16
印　　张	12.125
字　　数	181 千字
版　　次	2024 年 8 月第 1 版　2024 年 8 月第 1 次印刷
书　　号	ISBN 978-7-5221-3588-5　　　定　价　**76.00** 元

前　言

　　窄深槽是一种特殊的零件结构，具有槽深与槽宽的比值大于 2 且槽的宽度一般小于 4 mm 的结构特性，常出现在发动机涡轮叶片根部槽、涡轮盘榫槽、叶片泵转子槽等零部件上。超硬磨粒砂轮缓进给磨削窄深槽工艺解决了传统加工方法加工精度低、加工成本高、砂轮磨损严重、成品率低等问题。但是，窄深槽磨削区被工件遮挡，外部供给的磨削液难以到达磨削区，冷却不及时易于诱发烧伤；磨削表面存在明显的形貌分区现象，衍生的深层问题是窄深槽各磨削区的材料去除机理不同，而传统的磨削加工理论难以解决这一问题，限制了缓进给磨削技术在窄深槽磨削加工领域的推广应用。

　　本书开展窄深槽磨削风冷式强化换热关键技术与理论研究，分析了窄深槽磨削时砂轮的磨损特性，设计了一种风冷式砂轮，分析了砂轮的气流场特性，研究了窄深槽磨削分区的材料去除机理，建立了基于风冷式强化换热的窄深槽磨削区温度模型，研究了窄深槽磨削表面性能。本书的主要研究工作如下：

　　① 电镀制备窄深槽磨削用单层 cBN 砂轮，分析了砂轮的形貌特征，研究了磨削窄深槽时砂轮磨损特性。研究发现，砂轮表面磨粒的面积百分比浓度合理，磨粒横向分布均匀性较好，砂轮磨粒出刃高度纵向分布差异较小。砂轮稳定磨损阶段占有效寿命周期的 84.6%；过渡刃区磨粒由于受到交变载荷作用，产生严重断裂磨损；在磨粒带内缘，磨粒脱落引起周围磨粒的磨削力升高幅度最大，导致该区域磨粒脱落集中；砂轮顶刃区及侧刃区中部的磨

损形式为微裂纹、磨耗磨损和磨粒脱落。cBN磨粒的主要磨损形式是磨耗和解理断裂，磨粒出刃高度大和磨损平台面积大的磨粒的磨削力较大，在磨粒磨损平台表面或磨粒侧面诱发解理裂纹，裂纹在磨削过程中扩展产生解理断裂；砂轮镀层磨损形式有镀层表面划痕、磨粒-镀层结合面断裂、镀层位移、镀层裂纹等，砂轮镀层磨损降低了磨粒把持强度，是引起磨粒脱落的主要原因；砂轮电镀层中产生的过渡层降低镀层与基体结合强度，导致部分镀层被剥离或翘曲变形；砂轮的局部烧伤始发于工件材料黏附堵塞的顶刃区域。

② 深入分析了窄深槽结构冷却困难而引发烧伤的原因，设计了一种风冷式砂轮。完成了风冷式砂轮的内部流道气流场和砂轮外部气流场特性实验，烟线流动显像实验结果表明环境空气自砂轮入风口进入内部流道，最终从出风口沿径向射出，风冷式砂轮设计构想合理；风冷式砂轮的轴向气流场沿砂轮厚度对称面对称分布，与无风冷砂轮相比，风冷式砂轮的出风口气流流速提高约35.2%，能较高效地将环境空气输送入砂轮气流道；随着砂轮线速度增大，风冷式砂轮出风口处的气流流速和单位压力逐渐增大。

③ 研究了窄深槽磨削的材料去除机理，建立了基于单颗磨粒磨削力的窄深槽各磨削区的磨削力模型，研究了接触弧长和槽侧面接触面积变化规律，建立了窄深槽基于磨削分区的总磨削力模型。在窄深槽的截面上，顶刃磨削区磨粒切削深度基本相等，过渡刃磨削区磨粒的切削深度沿着靠近侧刃区的方向逐渐减小，磨粒在侧刃磨削区仅滑擦槽侧面或微切削表面沟痕的较高隆起部分；不同磨削区磨粒切削深度差异是表面梯度过渡形貌特征产生的根本原因；随着工件进给速度和窄深槽深度的增大，窄深槽的材料去除率逐渐增大；材料去除率对工件进给速度变化的敏感度更大，工件进给速度是影响材料去除率的主要因素。数值计算和磨削力实验结果表明，磨削力模型能准确预测窄深槽缓进给磨削时磨削力的变化趋势，而且磨削力的计算值与实验值的误差小于10%，具有较高的预测精度。

④ 窄深槽的各磨削区产生了不同强度的磨削热流密度，顶刃磨削区的

热流密度最大，过渡刃磨削区次之，侧刃磨削区热流密度最小；基于风冷式砂轮的气流流速实验结果，研究了位于磨削区的风冷式砂轮出风口出射气流流速；建立了窄深槽磨削区风冷式强化冷却对流换热模型，推导了风冷条件下传入工件的磨削热分配比理论公式，构建了窄深槽不同磨削区的磨削温度场模型；通过有限元仿真结果与磨削实验结果对比，发现窄深槽磨削区最高温度的计算值与实验值吻合较好。多点热源耦合作用下，窄深槽的侧刃区磨削温度最高，过渡刃磨削区的磨削温度次之，顶刃磨削区的磨削温度最低。

⑤ 分析了磨削工艺参数对窄深槽磨削表面完整性的影响。窄深槽磨削表面存在梯度过渡的表面形貌特征，从槽底面到过渡圆角面再到槽侧面，磨削表面沟痕由深而稀疏逐步过渡为浅而密集，表面粗糙度值也显著降低；窄深槽底面产生了明显的塑性变形层，表层晶粒沿着磨削方向被拉长，过渡圆角面的塑性变形层深度逐渐减小，在槽侧面表层晶粒仅发生轻微变形；窄深槽的加工硬化层主要分布在槽底面和过渡圆角面，槽侧面的显微硬度近似等于工件材料的初始态硬度。窄深槽磨削表面在磨粒光整作用下产生残余压应力，槽底面的残余压应力值高于槽侧面。

目　录

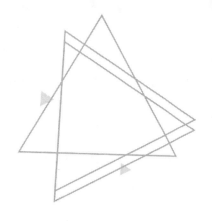

第1章 绪 论

1.1 引 言

　　窄深槽是一种特殊的零件结构,具有槽深与槽宽的比值大于 2 且槽的宽度一般小于 4 mm 的结构特性,常出现在航空发动机、燃气涡轮机及液压元件等零部件上,如发动机涡轮叶片根部槽、涡轮盘榫槽、叶片泵转子槽等。窄深槽结构类零件的工作环境复杂,对材料及加工表面完整性要求苛刻,如叶片泵转子高速转动时,叶片与槽侧面往复摩擦,高表面质量的槽侧面能有效延缓其摩擦磨损过程,提高零件的使用寿命;航空发动机的涡轮叶片和涡轮盘是典型的热端部件,通常在高达 600~1 200 ℃ 的温度环境下工作,常采用耐高温、耐磨损的镍基高温合金材料[1],但是镍基高温合金的导热率低、比热容小、黏性大、碳化物硬质点含量高,是典型的难加工材料[2]。窄深槽的传统加工方法为"预先铣槽—淬火热处理—普通砂轮磨削",热处理后零件重新装夹引入定位误差,材料高硬度造成砂轮磨损而产生槽型精度降低,为保证加工精度而频繁的砂轮修整,延长加工等待时间,造成人工成本及工具损耗成本直线提升。因此,窄深槽精密加工一直是机械加工领域的难题。随着超硬磨粒工具技术和高速磨削理论与技术的发展,科研工作者将超硬磨粒砂轮高速深切缓进给磨削技术引入窄深槽结构类零件的加工中,简化加工

工序, 提高加工效率和加工精度, 降低砂轮磨损[3,4], 在缓进给磨削窄深槽
理论和技术方面取得了长足进步, 各类窄深槽结构类零件磨削加工如图 1-1
所示。

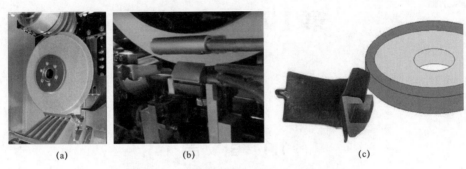

(a)　　　　　　　　(b)　　　　　　　　(c)

图 1-1　各种窄深槽结构类零件磨削过程
(a) 涡轮叶片窄深槽; (b) 叶片泵转子槽; (c) 压缩机叶片根部槽

高速深切缓进给磨削新技术集粗加工、精加工于一个磨削行程, 一
次磨削即可完成全部窄深槽材料去除, 具有加工效率高、加工精度高、
工件表面质量好等优点, 成为复杂零部件精密磨削的主要手段。随着窄
深槽高速缓进给磨削技术发展, 诸多传统磨削加工理论无法解决的新机
理、新现象应运而生。窄深槽较大的深宽比特性决定了磨削区域大部分
被工件轮廓遮挡, 外部供给的磨削液难以到达磨削区域, 磨削温度较高,
加速砂轮磨损, 引起磨削表面烧伤; 而且窄深槽磨削表面出现了明显的
形貌分区现象, 槽底面、槽侧面和过渡圆角面形貌差异较大, 其根本原
因是各区域的材料去除机理不同。因此, 开展窄深槽高速深切缓进给磨
削强化冷却机理研究, 揭示窄深槽的磨削分区材料去除机理, 建立基于
磨削分区的窄深槽磨削力和磨削温度模型, 研究窄深槽磨削区的强化冷
却技术, 是解决窄深槽加工难题的基础, 也可为高速深切缓进给磨削技
术在窄深槽结构类零件精密磨削加工领域推广应用提供技术支撑, 拓展
缓进给磨削理论与技术的应用范围。

1.2 窄深槽缓进给磨削加工研究现状

1.2.1 高速缓进给磨削技术

缓进给磨削技术又称为高速深切缓进给强力磨削或蠕动磨削,是从高速磨削发展而来的一种高效加工工艺,其特点是采用较大的砂轮磨削深度(约 1～30 mm),较缓的工件进给速度(3～300 mm/min)[6],以达到提高磨削加工质量目的。与普通磨削工艺相比,高速缓进给磨削技术采用较大切深,砂轮与工件的接触弧长和接触面积增大,更多的磨粒参与磨削过程,一次可以去除更多的工件材料,磨削效率提高。同时,较小的工件进给速度降低了未变形切屑厚度,砂轮磨粒的磨削力减小,减缓砂轮磨损。此外,较高的砂轮线速度使磨粒的单位时间磨削次数增大,切屑变薄,磨削精度提高,表面粗糙度值降低,磨削表面完整性提高。缓进给磨削技术自问世以来在国内外发展迅速,众多学者针对缓进给磨削机理、砂轮磨削性能以及磨削表面质量等开展大量研究,取得了众多先进研究成果,广泛应用于复杂型面及深槽结构的磨削加工[7-9]。

然而,缓进给磨削技术在工业生产的推广应用中也出现了一些问题,一方面缓进给磨削的加工效率高,引起砂轮磨损率提高;另一方面,较大的磨削深度引起缓进给磨削区的冷却困难,薄膜沸腾效应阻碍磨削液冷却,引起工件表面局部烧伤。正是缓进给磨削技术的显著优点、广阔应用前景以及所面临的应用难点,吸引了众多学者投身缓进给磨削技术与理论研究。

1.2.2 缓进给磨削砂轮磨损行为研究

在缓进给磨削过程中,砂轮磨损会引起工件型面较大的尺寸和形状误差,保持砂轮的结构精度就显得尤为重要。常用的维持砂轮尺寸和形状精度的方法有两种，一种是应用陶瓷结合剂刚玉磨粒砂轮，依靠砂轮的高修整性，通过不断修整来保持砂轮磨削刃的结构精度[10,11]；另一种方法是采用单层立方氮化硼（cBN）或金刚石等超硬磨粒砂轮，由于 cBN 和金刚石的超高硬度和耐磨性，砂轮磨损缓慢，从而长时间保持砂轮的磨削精度。由于陶瓷刚玉磨粒砂轮具有轮廓修整容易，生产成本低等优点，广泛应用于涡轮叶片根部的枞树形榫槽的缓进给磨削加工，MIAO 等研究了磨削过程中的磨削力、磨削表面完整性[12]、砂轮磨损特性[10,13,14]、磨削热源模型[15]，发现榫槽表面谷底区的表面粗糙度、塑性变形层厚度和硬化层厚度均高于峰顶区；砂轮的廓形顶部的磨损形式为磨损平台、工件材料黏附以及磨粒断裂，砂轮的廓形底部以砂轮堵塞、磨粒裂纹以及黏附磨损为主。由于成型磨削毛坯件的各部位加工余量不同，成型磨削砂轮表面载荷分布差异导致砂轮磨损分布的不均匀。合理控制磨削工艺参数可以降低比磨削能[16]，砂轮廓形精度满足要求[3]，磨削表面完整性较高[3,16]。但是陶瓷结合剂砂轮的强度较低，不适于制成厚度小于 4 mm 的窄深槽磨削用薄片砂轮。与 cBN 磨粒相比，金刚石磨粒的最主要问题是不耐高温，在 700～800 ℃时容易发生氧化和石墨化；cBN 磨粒的硬度虽然低于金刚石，但是其高温稳定性、高导热率、对铁族元素的化学惰性、高耐磨损等特性决定了 cBN 磨粒砂轮的优势地位[17]。在高精度金属基体表面电镀或钎焊是单层 cBN 砂轮的两种主要制备方法[18]，受到钎焊工艺的限制，对厚度小于 4 mm 的大直径薄片砂轮，钎焊高温导致的砂轮基体热变形难以消除；而电镀 cBN 砂轮制备环境温度低，避免了钎焊高温产生的结合剂层残余热应力和基体热变形误差[19]。因此，单层电镀 cBN 砂轮缓进给磨削成为镍基高温合金窄深槽的主要加工工艺。

单层 cBN 砂轮通常采用金属结合剂层，磨粒分布均匀性更高，磨粒出刃高度大，能实现较大切深磨削[20]。当采用缓进给磨削工艺时，由于工件进给速度较小，单层 cBN 砂轮磨粒未变形切屑厚度减小，磨削力降低，工件加工表面质量高、热损伤率低，被广泛应用于镍基高温合金和钛合金等难加工材料磨削加工[19,21]。单层 cBN 砂轮仅有一层磨粒，磨损对单层 cBN 砂轮有重要影响。当磨粒磨损达到一定程度，磨削能耗急剧升高，砂轮磨削性能丧失，砂轮使用寿命结束。径向磨损量 ΔR 是评价砂轮磨损程度的重要指标，砂轮形貌复制是测量径向磨损量的重要方法，磨削工件的宽度小于砂轮宽度，砂轮磨削表面低于未参与磨削表面，应用磨损砂轮磨削软质金属样件，在其表面形成凸台，则凸台高度即为 ΔR 值[22,23]。随着累积磨削材料去除量的增加，单层 cBN 砂轮的磨损过程分为初始磨损阶段、稳定磨损阶段和剧烈磨损阶段[23,24]。在砂轮初始磨损阶段，出刃高度最大的磨粒的切削深度大，磨粒在较大磨削力作用下发生断裂、磨耗磨损、脱落，砂轮径向磨损量快速增大；在稳定磨损阶段，较大出刃高度磨粒磨损后更多磨粒参与磨削，单颗磨粒的磨削力减小，磨粒缓慢磨损，砂轮径向磨损量缓慢增大；在剧烈磨损阶段，大部分磨粒磨损严重，磨粒钝化，磨削力增大，磨粒磨损剧烈，砂轮径向磨损量急剧增大，砂轮达到使用寿命。

单层 cBN 砂轮磨粒的磨损形式主要有磨耗平面、微裂纹、磨粒断裂、磨屑粘着、磨粒脱落[23,25,26]。追踪砂轮表面固定磨粒磨损过程，发现 cBN 磨粒先后经历了微小磨耗磨损、扩大磨耗磨损、微裂纹和宏观断裂[23,25]，磨削力和磨削热在磨粒上诱发的机械应力和热应力是磨粒微裂纹产生和发展成宏观断裂的主要原因[27]。但是，窄深槽成型磨削材料全部由单层 cBN 砂轮去除，其单程材料磨削量比平面磨削和预制毛坯件的成型磨削高一个数量级，砂轮磨损是窄深槽磨削过程中不可忽视的问题。

1.2.3 磨削力理论模型研究

磨削力是反映砂轮与工件之间相互作用的重要物理参量，研究人员构建了多种磨削力理论模型，以深化对磨削过程的理解和阐述。BRACH 等建立了考虑砂轮表面形貌因素的磨削力模型[28]。WERNER 认为磨削力也受到工件参数影响，磨削力的主要来源是切削变形和摩擦力，建立了能够反映切削变形和摩擦对磨削力影响的理论模型，讨论了纯摩擦和纯剪切情况的磨削力[29]。LI 等在 WERNER 磨削力模型的基础上，将磨削力分为切屑变形力和摩擦力两部分，建立了磨削接触区单位宽度上的磨削力模型[30]。CHANG 等综合了单颗磨粒磨削力、磨粒密度以及磨粒随机分布特性，建立了更接近实际砂轮磨削的随机分布磨削力模型[31]。TANG 等研究了平面磨削工艺参数对平均接触压力和摩擦系数的影响，建立了考虑摩擦和切削变形影响的磨削力模型[32]。众多学者还对砂轮磨削过程中的滑擦、耕犁和切削阶段开展研究，分析了滑擦-耕犁、耕犁-切削阶段的临界切削深度，建立了砂轮磨粒在滑擦、耕犁和切削阶段的磨削力模型[33,34]。

因此，磨削力理论模型研究主要集中在建立磨削力的数学模型或通过实验数据进行回归分析，得到磨削力的经验公式。以单颗磨粒的磨削力为基础，研究砂轮表面有效磨刃数、磨粒随机分布特性，从而得到砂轮整体磨削力模型，建立的磨削力理论模型多基于平面磨削工艺。窄深槽缓进给磨削时存在明显的磨削形貌分区现象，磨粒在不同磨削区的材料去除方式差异较大，进而产生了不同的磨削力，因此现有的磨削力理论模型不能很好地揭示磨削分区条件下的窄深槽磨削机理，需要开展窄深槽不同磨削区的磨削力理论模型研究，为复杂型面工件的成型磨削提供理论基础。

1.2.4 磨削热理论模型研究

磨削消耗的能量在磨削区几乎全部转化为热量，磨削热主要向工件、砂轮、磨削液和磨屑传导，传入工件的磨削热引起其温度升高，过高的磨削温度会导致工件磨削表面产生烧伤、白层、残余应力和磨削裂纹等磨削热损伤行为。国内外学者针对磨削区的热量传导和分布开展研究工作，一方面力求建立能够反映磨削真实工况的热源模型，另一方面研究磨削热量在工件、砂轮、磨削液及磨屑之间的分配比例关系，建立传入工件的磨削热分配模型。但是应用磨削温度场理论公式求解磨削温度过程复杂，求解工作量大，很难得到准确的磨削温度解析解；基于计算机技术的有限元仿真方法，能在建立的磨削温度场模型基础上，模拟分析磨削过程的温度分布及变化规律，因此针对不同磨削热源模型的有限元仿真分析磨削温度场也成为众多学者的重点研究内容。

JAEGER 最早建立的移动热源理论奠定了磨削热理论研究的基础，假设带状磨削热源在半无限大平板导热体上以一定速度移动，热源持续向工件传导热量，而且热流量均匀恒定，将磨削热源划分成宽度 dx 的线热源，通过积分 t 时刻线热源对半无限大物体中温度场在该位置的磨削温升，得到移动热源的磨削温度场[35]。众多学者在移动热源理论基础上发展了不同形状的热源分布模型，以适应不同的磨削加工情况，其中研究的重点问题就是磨削热流密度在接触弧上的分布。贝季瑶分析了磨粒未变形切屑厚度，认为磨削热流密度在接触弧上呈三角形分布，建立了三角形热源分布模型，并依照单向导热和双向导热分别计算了磨削区温度[36]。ROWE 充分考虑了深切缓进给磨削过程中的较大切削深度，将接触弧长简化为倾斜直线，热流密度沿接触弧长为三角形分布，建立适用于大切深磨削加工的倾斜三角形移动热源模型[37]。JIN 等将深切缓进给磨削的接触弧看作圆弧形，沿着圆弧积分线热源得到的工件表面和内部温升的准确性进一步提高[38]。夏启龙等分析了抛物线形热源在接触弧区的分布模型，应用有限元仿真方法模拟了平面磨削温度场，研究表明抛物线热源模型比三角形热源模型的仿真结果更符合实际磨削温度[39]。TIAN 等分别分析了深切缓进给磨削过程中均匀分布、三角形分布、梯形分布、抛物线分布和椭圆分布热源模型对磨削温度分布的影响[40]。张磊在考虑磨粒切削工件材料的滑擦、耕犁和切削作用的基础上，认为滑擦和耕犁阶段的磨削热源为矩形分布，切削阶段的热源为三角形分布，建立了磨削热源分布综合模型[41]。郭国强等针对非 API 螺纹量规的螺纹齿顶和齿侧平面交界处容易发生烧伤问题，建立了成型磨削温度场的数值计算模型，为建立具有复杂型面的成型磨削热源分布模型提供了一种切实可行方法[42]。

磨削热分配模型阐述了磨削热传入工件、砂轮、磨削液和磨屑的比例，其中传入工件的磨削热分配比是研究人员关注的重点。OUTWATER 和 SHAW 认为磨削热主要在剪切面产生，并由剪切面向磨屑、工件以及磨粒传递，但是无法解释磨削过程中的摩擦热问题[43]。HAHN 建立了磨粒滑动传热模型，认为磨削热主要在磨粒与工件的滑动接触面上产生，忽略磨削液带走的热量，磨削热分别传入磨粒和工件，建立了磨削热在磨粒与工件之间传递时的分配比模型[44]。GUO 和 MALKIN 综合考虑了磨屑和磨削液带走的热量，认为传入磨屑的热量受到材料熔化能限制，磨削液带走的热量为磨削液达到沸腾所需热量，基于此建立了传入工件的磨削热分配比模型[45]。DESRUISSEAUX 和 ZERKLE 研究了工件与磨削液之间的对流换热关系，认为传入工件中的磨削热会在很短时间内再次向外消散，从而降低工件表面温度[46]。SHAFTO 研究发现缓进给磨削中磨削液的对流换热会带走更多热量，但是当磨削液开始沸腾，其对流换热能力也达到了极限[47]。LAVINE 将砂轮和磨削液看作一个复合体，磨削液附着在砂轮表面并随砂轮一起转动，磨削区热量向砂轮复合体和工件传导，得到了传入工件的磨削热分配模型[48]。ROWE 在考虑砂轮和工件的热特性的基础上，建立了磨削热分别向砂轮、工件、磨削液和磨屑传导的磨削热模型，研究了高效深磨过程的极限温度[37]。蔡光起和郑焕文研究了钢坯表面层温度，发现钢坯磨削热流密度呈三角形分布，工件表层实验温度与理论分析结果一致[49]。刘晓初等提出了一种磨削热分配计算新方法，通过 GCr15 轴承钢超高速磨削实验验证了模型的正确性[50]。王西彬和任敬心根据磨削传热理论和磨削实验，应用热电偶研究磨削升温过程中温度信号和实际温升的关系，探索热电偶测量存在的问题[51]。

针对磨削温度场理论公式计算过程复杂和计算量大问题，有限元软件模拟成为磨削温度场研究的一种重要方法。高航和李剑基于磨削温度场解析式，建立了湿磨削条件下的磨削温度数学模型，用 VC＋＋编程实现了不同磨削条件下的磨削温度分布仿真分析[52]。巩亚东等完成了镍基单晶高温合金微尺度磨削加工温度场仿真分析，发现温度场磨削高温区分布在磨屑-磨粒前刀面接触区，磨削深度和磨削速度的增加引起磨削温度升高[53]。MIAO 等建立了具有复杂型面榫槽的磨削热源模型，在进给方向采用三角形热源模型，在垂直于进给方向的截面上，榫槽表面的热源为均匀分布，磨削温度仿真结果与实验结果的偏差约为 20%[15]。易军等建立了成型磨削齿槽温度场的三维仿真模型，分析了齿底热源、过渡圆弧热源和齿廓热源作用下的全齿槽成型磨削温度分布[54]。王晓铭等建立了低温风冷、纳米流体微量润滑及其叠加效应的磨削温度场有限差分模型，研究三种冷却方式的冷却性能[55]。奚欣欣等采用有限元法模拟了 TiAl 合金涡轮叶片榫头磨削温度场分布特性，研究了磨削工艺参数对磨削温度的影响规律[56]。李晓强等建立了杯形砂轮平面磨削复合材料时周向和径向都呈非均匀分布的热源模型，并用有限元仿真方法分析了杯形砂轮磨削温度场分布[57]。

综合当前磨削热分配理论的研究，考虑工件复杂型面的几何特性对磨削热源分布影响的报道较少。对于窄深槽磨削，由于其结构的高深宽比特性，槽侧面磨粒与工件表面以滑擦为主，与槽底部材料去除形式差异较大，单一的矩形或三角形热源分布同样无法准确描述窄深槽磨削区域的热流分布特性，必须建立适合槽底面、过渡圆角面和槽侧面磨削特性的综合热源模型。

1.2.5　窄深槽磨削表面完整性研究

表面完整性是描述材料加工表面损伤或强化状态的重要特性，对零件表面的耐磨损性、耐疲劳性及耐腐蚀性有决定性的作用，直接影响零件使用寿命和可靠性。表面完整性的评价指标主要有表面形貌、表面粗糙度、亚表层组织、残余应力、显微硬度等，主要受零件材料性能和加工工艺的影响。

表面形貌和表面粗糙度反映磨削面的表面性质，与磨削工艺参数有直接关系，砂轮磨粒粒径也是重要的影响因素。砂轮磨粒不同磨削工艺参数下切入工件材料的深度不同，形成不同未变形厚度切屑；在高速度、缓进给、小切深条件下，磨削表面沟痕浅而细密，表面粗糙度值较低[2,58]。而采用小目数磨粒则会增大磨粒的切削深度，形成较深的稀疏磨削表面沟痕，增大磨削表面粗糙度值[59]。磨削面的表层性质主要有显微硬度、残余应力、金相组织等，工件材料在磨削高温及磨削高应变作用下会产生变质层，引起磨削面表层性质改变。磨削面的硬化变质层表现为工件表面显微硬度高于内部母材硬度，是加工硬化和高温软化效应共同作用的结果；在冷却良好的磨削条件下，磨削温度低于工件材料再结晶温度，不发生高温软化，工件表层以加工硬化为主导，产生硬化变质层[60]。磨削表层的金相组织在磨削力和磨削温度作用下可能会发生晶粒变形、晶粒细化以及组织转变等现象[61]，晶粒发生塑性变形，沿磨削方向被拉长，表层材料表现为各向异性；变形晶粒内往往堆积大量位错，位错发展到一定程度后晶粒破碎，形成细碎亚晶粒，晶粒塑性变形和晶粒细化都会引起表层硬度升高[62,63]。磨削表面残余应力对工件的抗疲劳性能有重要影响，由于磨粒的负前角切削特性，在较大的法向力作用下，磨削工件表面产生的是残余压应力，有益于工件的抗疲劳和抗腐蚀性能[14]，通过优化磨削工艺参数可以在磨削表面生成残余压应力[64]。在复杂型面工件成型磨削过程中，磨削表面粗糙度、塑性变形层厚度、加工硬化层厚度存在明显的区域差异[12]，其主要原因为成型砂轮的峰顶区先于谷底区参与磨削过程，因而在峰顶区产生更严重的砂轮磨损，砂轮表面区域的磨损程度差异导致了工件表面完整性的不同。

因此，工件的表面完整性受到磨削工艺的影响，成型磨削时砂轮不同磨削区去除的工件材料余量差异较大，生成了完整性不均匀分布的成型磨削表面。窄深槽磨削表面存在明显的磨削分区现象，研究窄深槽不同磨削面表面完整性，对深化窄深槽缓进给磨削材料去除机理有重要意义。

1.3　窄深槽缓进给磨削强化冷却技术

窄深槽具有高深宽比的结构特性，由于气流屏障和磨削区的半封闭状态，传统的磨削液供给冷却方式不能满足工件散热要求，磨削表面易于突发烧伤而影响表面完整性。强化磨削区换热是解决磨削热损伤问题的主要手段，研究人员开发了多种形式的磨削区强化换热技术及理论。

（1）径向高压射流冲击强化换热

高效深切缓进给磨削过程中的磨削热及其引发的工件热损伤是制约磨削

效率的主要因素。当磨削区热流密度超过临界值后，磨削弧区的磨削液发生沸腾并形成气膜层，阻挡后续磨削液对工件表面冷却[65]。傅玉灿等在分析缓进给磨削烧伤机理的基础上，提出高压射流冲击强化磨削弧区换热的构想[66]，结合开槽砂轮，磨削液更容易进入磨削弧区的特点，采用柱塞泵将出口速度高达 80 m/s 的侧向射流直接冲击磨削弧区，利用高速射流冲破气流屏障和磨削弧区的气膜层，保证磨削液对工件表面的持续强化冷却，极大提高磨削弧区的换热效率[67]。相比于侧向供给高压射流，径向高压射流垂直冲击磨削弧区的冷却效果更好。孙方宏等设计了一种可从砂轮内部沿径向供给高压射流的实验装置，通过 TC4 钛合金磨削实验研究了径向射流冲击强化换热的换热效果[68]，进行高压水射流冲击强化换热效果和极限换热能力的传热学基础实验研究，研究表明射流冲击表面的临界热流密度和换热系数是池内饱和沸腾的 80 倍和 30 倍[69]。武志斌等改进了沿全周径向射流冲击强化换热装置，实现仅向磨削弧区供给高压射流的实验装置，出口流速实现较大提高[70]；通过磨削难加工材料 TC4 钛合金实验，发现工件表面磨削温度维持在 100 ℃以下，强化换热效果理想[71,72]。

（2）加压内冷却砂轮强化换热

基于磨削液能直达磨削区域的内部供液设计思想，研究人员开发了多种形式的冷却砂轮，实现了磨削区域的磨削液强化供给冷却。彭锐涛等针对高温合金高速磨削的烧伤问题及气流屏障阻碍冷却问题，提出一种综合磨削液加压供给、砂轮内冷却和断续磨削方法的加压内冷却开槽 cBN 砂轮磨削系统，完成了砂轮结构和内冷却系统设计，磨削实验结果表明，加压内冷却砂轮的换热效率更高，磨削温度较低，磨削表面没有发现烧伤现象[73]，冷却液供给压力增大有利于磨削表面质量的提高[74]。相比于直线型流道，采用弧线型流道砂轮的出口流速和分布均匀性更高，从而获得更好的冷却效果，磨削表面温度和粗糙度值均降低[73]。砂轮的流道出口位置对加压内冷却砂轮的冷却效果和磨削性能有直接影响，流道出口位于开槽区比置于磨料区的磨削温度低[75]。廖映华等分析了内冷却平面磨削过程中切削液的喷流特性，基于牛顿定律推导出了液体流经流道中点处的流速，建立了计算供液系统流量的方法，为供液系统设计提供了一种成本低、性能可靠的设计方法[76]；张良栋等完成了普通磨床用内冷却砂轮工装设计制备，通过旋转接头设计，实现了不改变磨床主轴结构基础上的内冷却磨削液连续供给[77]；张捷等完成内部流道曲线设计、流道分布研究，同等条件下内冷式砂轮磨削钛合金的磨削温度降低了约 20 ℃[78]；廖映华等进行内冷却砂轮磨削 45 号钢实验，结果表明，与普通砂轮相比，内冷却砂轮的磨削振动小，表面粗糙度值较小，磨削温度较低[79]。霍文国等提出了一种冷却介质通过内部进入磨削弧区的叶轮结构内喷润滑砂轮，分析了叶轮增压式内喷润滑结构及润滑原理，设计了叶轮式增压内喷润滑砂轮基体结构，对叶轮叶片出口角、出入口直径、叶片数和叶片形状等参数进行了计算，得到了优化的叶轮式砂轮基体结构设计参数[80]。陈晓梅等研究了微孔砂轮射流冲击内外冷却机理，通过钛合金材料磨削实验，分析了微孔砂轮射流冲击内外冷却磨削对钛合金零件表面质量和砂轮表面形貌影响，实验结果表明微孔砂轮射流冲击内外冷却新工艺最大限度地发挥了冷却液的冷却、润滑和冲淋作用，有效地解决了磨削钛合金零件表面产生烧伤和砂轮表面黏结等工艺难题[81]。高航等研制了一种内冷却 cBN 砂轮，压缩低温冷气通过砂轮夹盘法兰的内沟道和砂轮径向微孔直达磨削区，磨削实验结果表明，低温冷气内冷却 cBN 砂轮工作性能满足设计要求，并能使磨削温度比传统磨削降低 30%～40%[82]。SHI 等设计了离心式雾化冷却砂轮，磨削镍基高温合金实验结果表明，微槽砂轮磨削工件表面温度低于 200 ℃，冷却效果良好，消耗功率较低[83]。NADOLNY 基于减少磨削液使用量的设计思想，设计了用于内圆磨削的夹层内冷却砂轮，实验结果表明磨削区的磨削液供给效果大为改善[84]。NGUYEN 等设计了一种径向供液的分段砂轮，与普通砂轮相比较，内冷式分段砂轮的比磨削能较低，使用较少磨削液即可获得表面完整性更好的磨削表面，而且砂轮磨粒锋锐度保持得更好[85,86]。

（3）热管砂轮强化换热

徐鸿钧等提出借鉴热管的高效传热特性进行磨削弧区强化换热的构想[87]，设计热管砂轮结构，在砂轮内部布置环形热管，开展热管砂轮缓进给干磨削技术与理论研究，很好地解决了气流屏障和磨削弧区封闭引起的磨削液难以进入磨削区的问题；同时，实现磨削区的高效冷却，提高磨削弧区的临界热流密度，材料去除率也能够同步提高[88]。热管砂轮内工作介质的种类和质量对砂轮换热效率有直接影响，研究发现蒸馏水的冷却效果优于丙酮，过多注入工作介质会引起热管砂轮的传热性能降低[89]。应用制备的热管砂轮磨削GH4169 镍基高温合金[89,90]、TC4 钛合金[91]、Ti-6A1-6V 合金[92]等难加工材料，研究结果表明热管砂轮磨削弧区的温度能够控制在 60～200 ℃以下，磨削样件表层金相组织和显微硬度与材料初始状态保持一致，磨削表面未见烧伤现象，证明了热管砂轮的高效换热性能。通过与无热管砂轮磨削对比，普通砂轮磨削 Inconel 718 镍基高温合金样件的磨削温度可以达到 750 ℃，工件和砂轮表面有烧伤现象出现，砂轮发生黏附磨损[93]。应用热管砂轮分别进行缓进给磨削、高速浅磨削、高效深磨 Ti-6A1-6V 和 Inconel 718 合金实验，与普通砂轮相比，热管砂轮进行缓进给磨削和高效深磨时能保持较低的磨削温度，避免烧伤发生；但是在高速浅磨时热管砂轮的冷却性能与普通砂轮表现得较为相似[94]。热管砂轮还应用于复杂型面工件的成型磨削，应用轴向旋转热管砂轮成型磨削涡轮叶片榫齿或涡轮盘榫槽，与普通成型磨削砂轮相比，轴向旋转热管砂轮能够显著降低磨削弧区温度，减小榫槽型面的温度差，避免工件烧伤[95-98]。

综上所述，高速磨削强化换热技术与理论的研究主要集中在提高磨削区域的供液强度和加强散热两方面。磨削液的大量使用易造成环境污染，磨削加工成本升高；即便磨削区有充足的磨削液，局部区域的磨削热流密度超过临界值而发生薄膜沸腾现象，沸腾区域的气膜层隔离磨削液和磨削表面，阻止磨削液的继续汽化冷却，该区域相当于干磨削而无冷却措施，磨削热积聚引起工件局部突发烧伤。对于利用真空热管内冷却介质蒸发-冷凝循环过程强化冷却的热管砂轮，要制造成厚度小于 4 mm 的薄片砂轮，其制造难度和制造成本都极大，不适于窄深槽结构类零件磨削区域的强化换热冷却。因此，必须针对窄深槽的结构特性，研究适用的磨削区域强化换热技术与理论。

1.4　窄深槽缓进给磨削加工存在的问题

窄深槽结构类零件具有复杂的工作型面，超硬磨粒砂轮缓进给磨削工艺是窄深槽结构的重要加工方法，实现高磨削效率、高表面质量和低砂轮磨损的协调统一是缓进给磨削领域的研究重点。目前窄深槽缓进给磨削存在的主要问题如下：

（1）窄深槽表面形貌梯度过渡的磨削机理尚不明确

窄深槽磨削表面形貌差异较大，从槽底面到过渡圆角面再到槽侧面，表面形貌表现出从粗糙到光滑的梯度过渡现象。磨削表面形貌差异与材料去除方式有关，传统的磨削理论不能很好解释该问题。

（2）窄深槽磨削用砂轮的不均匀磨损特性研究有待于深入

单层 cBN 砂轮缓进给磨削窄深槽时，砂轮的顶刃区、过渡刃区和侧刃区磨粒的切削深度差异较大，在不同磨削力作用下产生不均匀磨损问题，砂轮各刃区的磨损分布、磨粒和镀层磨损形式、磨损机理有待深入研究。

（3）基于磨削分区的窄深槽磨削力理论模型有待于完善

在窄深槽各磨削区，砂轮作用的磨削力差异较大，现有的磨削力理论公式多认为磨削区不同单颗磨粒的磨削力近似相等，因而不能准确预测存在磨削分区的窄深槽缓进给磨削时的磨削力。

（4）磨削区风冷式强化冷却的磨削温度场模型有待于改进

不同于普通干磨削加工，风冷式砂轮磨削窄深槽磨削区存在径向出射气流的强化冷却，冲击射流空气带走磨削区大量磨削热，必须将冲击射流空气对流换热热流密度纳入窄深槽磨削温度场模型；同时，槽侧面、过渡圆角面和槽底面上的热流密度分布也有不尽相同，需要综合分析窄深槽结构特性，建立窄深槽的热源分布综合模型。

（5）窄深槽磨削区风冷式强化冷却机理尚需深入研究

窄深槽结构具有较大的深宽比结构特性，磨削区被两侧工件材料遮挡而处于半封闭状态，同时还受到砂轮高速旋转形成气流屏障阻碍，外部供给磨削液难以进入磨削区。另外，由于磨削液的薄膜沸腾效应，进入磨削区的磨削液也无法提供良好的冷却效果。

1.5 课题主要研究内容和技术路线

本课题来源于国家自然科学基金项目"面向窄深槽结构的风冷式单层CBN 砂轮超高速磨削冷却换热机理的研究"（51575375），针对镍基高温合金窄深槽缓进给磨削时存在的磨削区冷却困难、形貌梯度过渡磨削机理不明、缺乏针对磨削分区的磨削力和磨削温度理论模型等问题开展研究工作。通过实验分析、理论推导和有限元模拟等手段，深入系统研究窄深槽缓进给磨削过程中的砂轮不均匀磨损、半封闭磨削区强化冷却技术与理论、基于磨削分区的窄深槽磨削力和磨削温度理论模型等问题，为窄深槽结构类零件的高效缓进给磨削过程控制和结果预测提供技术和理论支撑。本书采取的技术路线如图 1-2 所示，拟开展的主要研究工作如下：

（1）窄深槽磨削用单层 cBN 砂轮形貌特征及磨损特性研究

制备单层电镀 cBN 砂轮，分析电镀砂轮表面磨粒的面积百分比浓度、磨粒分布均匀性以及磨粒的等高性；进行单层电镀 cBN 砂轮磨削窄深槽实验，研究单层 cBN 砂轮磨损特性，分析砂轮表面 cBN 磨粒磨损演化机理、砂轮磨损磨粒的整体分布特点、磨粒微观磨损特性和断裂机理、砂轮镀层磨损特性，分析单层电镀 cBN 砂轮烧伤问题。

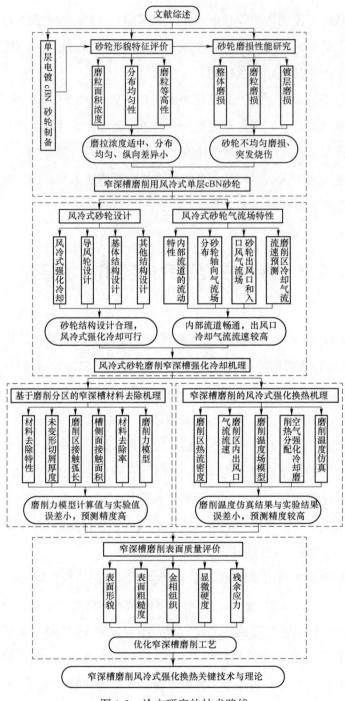

图 1-2 论文研究的技术路线

（2）窄深槽磨削区风冷式强化冷却技术研究

针对窄深槽磨削区外部供给磨削液难以进入磨削区以及磨削液的薄膜沸腾效应引起的冷却困难问题，设计一种窄深槽磨削用风冷式砂轮。基于螺旋抛物面基本方程，进行导风轮抛物线叶型的理论设计，完成砂轮导风轮、内夹气流道砂轮基体、风量调节环等结构设计，完成依靠砂轮主轴转动将环境空气压缩后输送到磨削区进行冷却的风冷式砂轮加工制造。应用烟线流动显像法验证风冷式砂轮内部流道通畅性，研究风冷式砂轮沿轴向和径向的气流场特性，建立窄深槽磨削区冷却气流流速预测模型。

（3）窄深槽磨削材料去除机理和磨削力模型

分析缓进给磨削时窄深槽侧面、过渡圆角面和槽底面的材料去除机理，建立窄深槽磨削材料去除模型，分析窄深槽截面上的最大未变形切屑厚度分布，研究窄深槽磨削过程中的接触弧长和槽侧面接触面积理论公式，分析磨削过程中的材料去除率变化规律；推导磨粒简化基础上的单颗磨粒磨削力公式，分别建立窄深槽顶刃磨削区、过渡刃磨削区和侧刃磨削区的磨削力模型，获得基于窄深槽磨削分区的总磨削力模型；通过数值计算和窄深槽磨削力实验验证模型的预测精度。

（4）基于风冷式强化冷却的窄深槽磨削温度理论模型研究

基于窄深槽不同磨削区的切向磨削力模型，分别计算窄深槽顶刃磨削区、过渡刃磨削区和侧刃磨削区的磨削热流密度；研究窄深槽磨削区空气射流冲击对流换热密度，建立基于风冷式强化冷却的窄深槽磨削热分配模型热源分布模型，分析窄深槽工件在顶刃磨削区、过渡刃磨削区和侧刃磨削区的测温点处温度计算方法；应用计算得到的窄深槽各磨削区的热流密度分布，进行基于窄深槽热源分布综合模型的磨削温度场仿真研究，通过窄深槽磨削温度实验验证磨削温度模型的合理性。

（5）窄深槽磨削表面完整性研究

进行窄深槽样件各磨削区表面完整性检测实验，分析窄深槽不同磨削表面的表面形貌、表面粗糙度、表层金相组织、显微硬度、表面残余应力，研究窄深槽不同磨削区和磨削工艺参数对磨削表面完整性的影响规律。

1.6　本章小结

　　本章讨论了窄深槽结构类零件的磨削加工研究背景，阐述了缓进给磨削加工的砂轮磨损、磨削力和磨削温度理论模型、磨削区强化冷却技术与理论等的研究现状，分析了窄深槽缓进给磨削存在的主要问题，并确立了本书的主要研究内容。

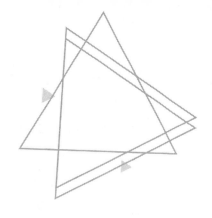

第 2 章　窄深槽磨削用单层电镀 cBN 砂轮形貌特征及磨损特性

针对窄深槽的传统加工方法存在的砂轮磨损严重、加工精度差、效率低等问题，本章开展超硬磨粒砂轮制备及缓进给磨削窄深槽砂轮磨损实验研究，制备窄深槽磨削用的单层电镀 cBN 砂轮，分析评价电镀砂轮表面单层磨粒的分布均匀性和等高性；研究砂轮磨损过程中的磨粒出刃高度演化、砂轮表面磨损磨粒分布特性、磨粒的磨损断裂机理、砂轮镀层磨损以及砂轮烧伤，为窄深槽磨削用砂轮设计制备以及窄深槽缓进给磨削工艺优化提供理论和技术支撑。

2.1　单层电镀 cBN 砂轮制备

2.1.1　镀液组分及电镀工艺参数

电镀是基于电化学原理在镀件金属表面电沉积一层镀层金属的工业技术，广泛应用于电镀超硬磨粒砂轮制备[99]，本书所用的镀液组分及配比范围见表 2-1。课题组研究发现，适量添加氯化锰能有效提高镍基镀层的硬度和强度，能够满足砂轮高速磨削过程中对高磨粒把持强度的要求。电镀过程中，锰离子伴随镍离子在砂轮基体表面诱导析出沉积，形成电沉积镍锰合金层，晶体结构为面心立方的镍基置换固溶体，锰原子引起固溶体晶格点阵畸变，使位错运动受限，是镍基镀层硬度提高的根本原因。因此，应用表 2-1 所列组分的镀液电镀制备单层电镀 cBN 砂轮，进行窄深槽磨削实验研究。

表 2-1　镀液的主要成分及配比范围

成分	配比范围/（g/L）
硫酸镍（$NiSO_4$）	120～180
氯化镍（$NiCl_2$）	50～75
硼酸（H_3BO_4）	40～50
四水合酒石酸钾钠（$KNaC_4H_4O_6 \cdot 4H_2O$）	10～20
乳酸（$CH_3CHOHCOO$）	5.0～10.0
糖精（$C_7H_5O_3NS$）	1.0～3.0
抗坏血酸（$C_6H_2O_6$）	1.5～3.0
十二烷基硫酸钠（$C_{12}H_{25}SO_4Na$）	1.0～2.0
氯化锰（$MnCl_2$）	2.0～4.0

脉冲电镀单层 cBN 砂轮过程中，影响电镀层质量的工艺因素有脉冲电流参数、镀液温度、镀液 pH、阴阳极面积比、镀液搅拌情况和换向电流。合理选用电镀工艺参数，是获得性能优异的镀层，保证电镀 cBN 砂轮磨粒固结强度的关键。

脉冲电流参数主要包括电流密度、占空比、脉冲频率。电流密度是决定镀层电沉积速度的关键因素，通常情况下电流密度越大，电沉积速率越高。因此，在保证镀层质量的前提下，增大电流密度，能有效提高电镀效率。脉冲电流占空比是指导通时间与脉冲周期之比，占空比越大，脉冲周期内电流导通时间越长，将提高电镀效率。脉冲频率表述的是电流脉冲周期的大小，当脉冲频率为 0.5 kHz 时，镀层表面的孔隙率和粗糙度值达到最低，镀层表面质量较好。

镀液温度是影响镀层内应力和镀层韧性的重要因素。升高镀液温度，镀液氯化镍和硫酸镍等的溶解度升高，提高电解效率，减弱浓差极化影响。镀液偏弱酸性，可用 pH 范围在 3.5～6 之间。阴阳极面积比就是指基体件与镍板的面积比值，为了实现镀液中镍离子的不断补充，应保证阳极镍板面积大于基体件面积，经过前期实验研究，电镀 cBN 砂轮选用的阴阳面积比为 1:4。电镀时间是决定镀层厚度的关键因素之一，埋砂法电镀单层 cBN 砂轮分为底镍电镀、上砂电镀和固砂电镀三个过程，合理配置各阶段电镀时间对镀件质量有重要影响。在单层 cBN 砂轮电镀过程中进行水泵自循环搅拌镀液是降低浓差极化程度的一种重要方法。

综合考虑电镀工艺参数对镀层质量影响，结合单层 cBN 砂轮基体的形状特征，根据课题组前期电镀实验的研究成果，优化制定的单层 cBN 砂轮电镀工艺参数见表 2-2。

表 2-2　单层 cBN 砂轮电镀工艺参数

电镀阶段	电流密度/（A/dm²）	占空比/%	脉冲频率/KHz	镀液温度/℃	pH	阴阳极面积比	电镀时间/min	搅拌方式
镀镍底	1	20	0.5	40	4	1:4	20	自动循环搅拌
上砂电镀	0.25	20	0.5	40	4	1:4	120	自动循环搅拌
固砂电镀	1.5	20	0.5	40	4	1:4	480	自动循环搅拌

2.1.2　基于埋砂法的电镀夹具设计

埋砂法是将被镀工件完全埋在磨粒中进行电镀的方法，通过合理设计单层 cBN 砂轮电镀夹具，可实现砂轮基体电镀区域和 cBN 磨粒完全接触，基体电镀表面同时开始上砂，砂轮磨粒的等高性和均匀性都比较理想。电镀单层 cBN 砂轮夹具如图 2-1 所示，砂轮基体的非电镀区域被上、下夹板遮挡，三者均安装在轴芯上，用尼龙螺母紧固，夹板材料为绝缘的亚克力材料，露出的基体外缘为电镀区域；圆柱形电胶木挡砂板下部开有均匀分布的矩形孔，作为埋砂层镀液与外界镀液的循环通道，挡砂板外表面加装尼龙纱网，阻挡 cBN 磨粒从矩形孔洒出；连接电镀槽中水泵的镀液循环管内侧均匀分布出液孔，循环镀液从出液孔向顺时针方向射出，使电镀槽内的镀液沿着顺时针方向流动，消除电镀阴阳两极的浓差极化影响。

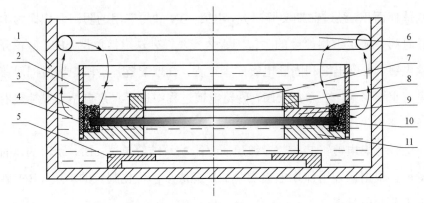

图 2-1 单层 cBN 砂轮电镀夹具示意图

1—电镀槽；2—电胶木挡砂板；3—尼龙纱网；4—cBN 磨粒；5—支座；6—镀液循环管；

7—夹具轴芯；8—尼龙螺母；9—上夹板；10—砂轮基体；11—下夹板。

2.1.3 单层 cBN 砂轮电镀制备过程

电镀实验装置如图 2-2 所示，包括脉冲电镀电源、恒温水浴加热池、电镀槽、阳极镍板、阴极镀件、镀液循环装置。实验用电镀电源为高频开关正负脉冲电源。恒温水浴加热装置包括有机玻璃水槽、温度传感器、恒温控制开关、数显温度计，温度传感器置于加热池水面以下，与之相连接的恒温控制开关设定水浴温度，水浴加热棒连接在恒温控制开关上，当水温达到预设温度后，恒温控制开关关断加热棒电源，加热棒停止加热，等到水温降低到启动预设温度，加热棒重新通电加热，如此循环控制水温。通过实验发现，当加热池的水温控制在 55 ℃时，电镀槽内镀液温度能够稳定在 40 ℃左右。电镀槽周围均匀布置 8 块镍板作为电镀阳极，镍板牌号 N6，每块镍板尺寸为 120 mm × 100 mm × 4 mm。镀液循环装置由水泵和镀液循环管组成，循环管内侧均布出液孔，出液孔沿顺时针方向偏斜。

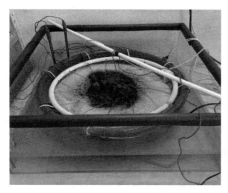 

图 2-2 电镀实验装置

单层 cBN 砂轮基体材料为 45 号钢，其切削加工性能优异，易于实现薄片砂轮基体高精度加工。砂轮基体外径为 200 mm，内安装孔直径为 40 mm，厚度为 1.8 mm。

单层 cBN 砂轮电镀制备分为预处理阶段和电镀阶段，在预处理阶段需要完成的任务有 cBN 磨粒预处理和砂轮基体预处理；单层 cBN 砂轮电镀阶段包括基体镀底镍、上砂电镀、清砂和固砂电镀四个分阶段。磨粒的表面质量影响着磨粒与镀层的结合强度，继而影响砂轮加工质量。基体预处理不当往往会导致镀层出现花斑、鼓包甚至直接脱落。cBN 磨粒预处理包括粒度筛选、表面粗糙化、表面净化等。砂轮基体预处理是去除表面有防锈机油、灰尘、氧化膜、铁锈等，基体预处理的步骤如图 2-3 所示。

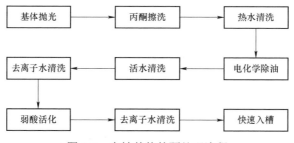

图 2-3 电镀基体的预处理流程

单层 cBN 砂轮基体处理后置于电镀槽镀液中。保持基体上表面低于液面 5 mm，将 cBN 磨粒填充到挡砂板与砂轮基体之间空隙。调整砂轮基体与

均布阳极镍板之间距离，以确保砂轮基体在各个方向的均匀电流强度。单层
cBN 砂轮各电镀阶段工艺参数见表 2-2。按照选定工艺参数完成镀镍底、上
砂电镀后，将砂轮基体连同电镀夹具转移到去离子水中，移除挡砂板后冲洗
多余 cBN 磨粒。此时，砂轮表面仅有被初步固结的磨粒，镀层厚度较薄，
磨粒的结合强度低。将挡砂板重新安装后，砂轮再次置于电镀槽进行固砂电
镀，完成后清洗砂轮表面镀液，单层电镀 cBN 砂轮如图 2-4 所示。

图 2-4　单层电镀 cBN 砂轮

2.2　单层电镀 cBN 砂轮形貌特征

单层电镀 cBN 砂轮表面磨粒形貌特征评价指标主要有磨粒面积百分比
浓度、分布均匀性和磨粒等高性，能够综合评判电镀 cBN 砂轮露出磨粒在
三维空间的分布特性。

2.2.1　单层电镀 cBN 砂轮磨粒面积百分比浓度

砂轮表面磨粒的面积百分比浓度评价方法，首先用电子显微镜或扫描电
镜采集砂轮表面图像；其次将磨粒分布图像进行锐化处理，增强磨粒边缘轮

廓与镀层之间的对比度；最后用 MATLAB 软件对图像进行二值化处理，将磨粒区域和镀层区域分别转化为黑白图像，并计算出 cBN 磨粒的面积百分比浓度[100]。当相邻磨粒之间没有镀层金属存在时，磨粒出现堆积，磨粒分布图像表现出磨粒区域连通。假设任一测量区域的面积为 A_i，在测量区域内磨粒总面积为 A_j，则单层电镀 cBN 砂轮磨粒面积百分比浓度 χ 为

$$\chi = \frac{A_g}{A_a} = \frac{\sum_{j=1}^{n} A_j}{\sum_{i=1}^{n} A_i} \tag{2-1}$$

式中，A_a——所有测量区域的总面积；A_g——所有测量区域内磨粒面积总和。

磨粒面积百分比浓度影响单层电镀 cBN 砂轮的容屑空间，对砂轮的磨削性能有重要意义。相邻磨粒均相互接触是砂轮磨粒单层排布的极限状态，此时砂轮磨粒的面积百分比浓度达到最大值；当超过极限浓度后，磨粒的单层分布状态将消失。假设理想磨粒形状为直径相等的圆形，则磨粒最大面积百分比浓度的单层排布形式如图 2-5 所示，相邻的圆形磨粒均两两接触。

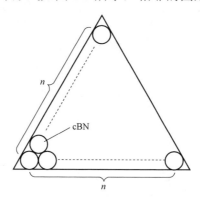

图 2-5　单层磨粒排布示意图[101]

图中正三角形表示砂轮测量区域，则砂轮测量面积 A_Δ 和区域内磨粒的总面积 A_g 分别为

$$A_\Delta = \sqrt{3}(n + \sqrt{3} - 1)^2 r_g^2 \tag{2-2}$$

$$A_g = \frac{n(n+1)\pi}{2} r_g^2 \tag{2-3}$$

式中，r_g——磨粒半径。

因此，单层磨粒砂轮的理论极限面积百分比浓度约为 90.6%，当单层电镀 cBN 砂轮的面积百分比浓度低于 χ_{max} 时，认为砂轮磨粒处于单层排布状态。

制备相同电镀工艺参数下直径为 30 mm 的单层电镀 cBN 试样，分别在三个不同试样上测量随机区域的 cBN 磨粒分布图像如图 2-6（a）～（c）所示，二值化处理后的磨粒图像分别如图 2-6（a1）～（c1）所示，二值化图像的磨粒轮廓与 SEM 图像磨粒轮廓基本一致。应用 MATLAB 软件计算图中各磨粒连通区域面积，电镀 cBN 试样各采样区磨粒面积百分比浓度分别为 48.57%、56.31% 和 61.71%，多次采样结果平均值为 55.53%。Starkov 和 Polkanov 研究了陶瓷结合剂 cBN 砂轮的磨粒浓度对砂轮磨削效率的影响，研究结果表明，50%～75%的磨粒浓度砂轮表现较高的磨削效率，在此范围内浓度越低砂轮磨削效率越高[102,103]；而且相比于 100%浓度砂轮，磨削材

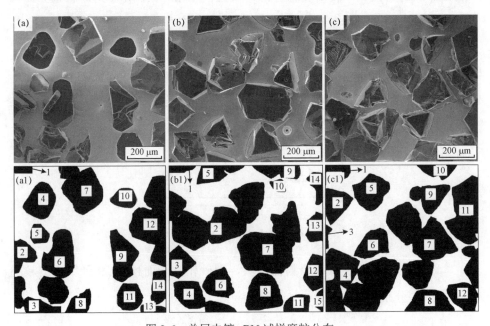

图 2-6　单层电镀 cBN 试样磨粒分布

（a）～（c）随机测量区域的 cBN 磨粒分布；（a1）～（c1）二值化处理的磨粒分布图像

料去除率高出 22%，同时磨削比能有所降低[104,105]。因此，相同电镀工艺参数的单层电镀 cBN 砂轮的表面磨粒面积百分比浓度处于较低水平，砂轮的磨削效率和耐磨性能良好。

2.2.2　单层电镀 cBN 砂轮磨粒分布均匀性

埋砂法制备的单层电镀 cBN 砂轮磨粒在砂轮表面随机分布，因此可能在砂轮表面出现磨粒富集区和磨粒稀少区，导致磨粒分布的不均匀性。在砂轮的磨粒富集区，由于磨粒聚集分布，磨粒之间的容屑空间相对较小，工件材料容易在此区域发生黏附，引起砂轮的黏附磨损。而在磨粒稀少区，磨粒数量较少，磨粒载荷增大[26]，相同加工条件下磨粒磨损速率快，降低砂轮寿命和加工效率。因此，合理评判砂轮磨粒分布均匀性对砂轮使用寿命和磨削性能有重要意义。

应用微元面积磨粒数方差来评定电镀金刚石超薄片砂轮磨粒分布均匀性，在薄片砂轮侧面外边缘处间隔 45° 选定微元位置，测定微元内磨粒数量，计算各微元金刚石磨粒的方差[106]。但是，在电镀 cBN 砂轮过程中，会出现磨粒堆积现象，磨粒数方差方法评价电镀砂轮磨粒分布均匀性可能出现结果失真问题。针对电镀砂轮表面磨粒堆积问题，梁国星等提出一种将砂轮测量区域未堆积磨粒数方差和磨粒堆积连通区域的比面积方差相结合的磨粒分布均匀性评价方法[101]，单层电镀 cBN 砂轮表面任一测量区域的比面积为

$$\zeta_i = \frac{A_i^{\mathrm{d}}}{A_i - A_i^{\mathrm{d}}} \tag{2-4}$$

式中，A_i^{d}——砂轮表面随机测量区域堆积磨粒连通区域面积。

假设砂轮表面任一测量区域中的未堆积磨粒数量为 N_i^{w}，砂轮表面选定的测量区域数量为 n'，则所有选定测量区域中未堆积磨粒数的平均值 E^{w} 为

$$E^{\mathrm{w}} = \frac{1}{n'} \sum_{i=1}^{n'} N_i^{\mathrm{w}} \tag{2-5}$$

砂轮表面所有测量区域内的未堆积磨粒数方差 S^{w} 为

$$S^{\mathrm{w}} = \sqrt{\frac{1}{n'}\sum_{i=1}^{n'}(N_i^{\mathrm{w}} - E^{\mathrm{w}})^2} \qquad (2\text{-}6)$$

在砂轮表面测量区域内，堆积磨粒连通区域比面积的不同可反映出磨粒分布的堆积程度，是磨粒分布的均匀性的一种重要评价方法。比面积的方差 S^{d} 可表示为

$$S^{\mathrm{d}} = \sqrt{\frac{1}{n'}\sum_{i=1}^{n'}\left(\frac{A_i^{\mathrm{d}}}{A_i - A_i^{\mathrm{d}}} - E^{\mathrm{d}}\right)^2} \qquad (2\text{-}7)$$

E^{d} 为所有选定测量区域中堆积磨粒连通区域比面积的平均值

$$E^{\mathrm{d}} = \frac{1}{n'}\sum_{i=1}^{n'}\frac{A_i^{\mathrm{d}}}{A_i - A_i^{\mathrm{d}}} \qquad (2\text{-}8)$$

由式（2-6）和式（2-7）联立，得到磨粒均匀性综合方差评价公式为

$$S = \sqrt{\frac{(S^{\mathrm{w}})^2 + (S^{\mathrm{d}})^2}{2}} = \sqrt{\frac{1}{2n'}\sum_{i=1}^{n'}\left[(N_i^{\mathrm{w}} - E^{\mathrm{w}})^2 + \left(\frac{A_i^{\mathrm{d}}}{A_i - A_i^{\mathrm{d}}} - E^{\mathrm{d}}\right)^2\right]} \qquad (2\text{-}9)$$

磨粒均匀性综合方差包含取样区内磨粒数量和磨粒比面积两方面的方差，能够反映不同测量区域内的磨粒数量和磨粒排布两个方面的均匀程度。

选取图 2-6 中所示的三个随机测量区域为研究对象，分析磨粒分布的横向均匀性。计算各磨粒区域面积（图 2-6），用像素点数表示的面积统计结果如图 2-7 所示。结合测量区域磨粒 SEM 图像和二值化图像，试样 A 的采样区堆积磨粒连通区域分别为 A3、A6、A7、A12，堆积磨粒总计 9 个；试样 B 的测量区域内堆积磨粒连通区域分别为 B2、B4、B5、B7，测量区域内堆积磨粒数量为 10 个；试样 C 的采样区内堆积磨粒的连通区域分别为 C4、C7、C11、C12，测采样区内堆积磨粒数量为 11 个。磨粒均匀性综合方差评价公式的各参数见表 2-3。

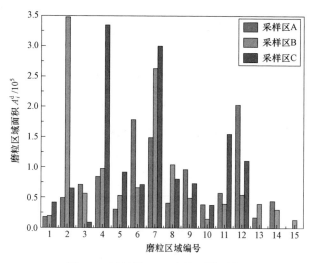

图 2-7　测量区 cBN 磨粒区域面积

表 2-3　磨粒分布均匀性参数

n'	A_i^d	ζ_i	N_i^w	E^w	E^d	S^w	S^d	S
1	1 077 779	0.371 1	10					
2	1 249 354	0.522 6	11	9.67	0.525 4	1.247	0.127 1	0.886 3
3	1 369 164	0.682 4	8					

　　研究发现，当电镀 cBN 砂轮磨粒的均匀性综合方差值为 1.588 时，显微镜观测结果表明砂轮表面未发现磨粒堆积现象，未堆积磨粒在不同测量区域的数量差异是均匀性综合方差的主要来源[101]。制备的单层电镀 cBN 砂轮的磨粒均匀性综合方差为 1.186，因此砂轮表面磨粒具有较好的横向分布均匀性。

2.2.3　单层电镀 cBN 砂轮磨粒等高性

　　等高性是电镀砂轮质量评价的另一个重要性能参数。在相同的加工条件下，等高性好的电镀 cBN 砂轮，一方面砂轮表面磨粒出刃高度相近，工件表面的磨痕深度均匀，磨削表面形貌较好，粗糙度值较低，磨削加工精度高；另一方面同时参与磨削的有效磨粒数量增多，单颗有效磨粒的载荷降低，砂轮的磨损率降低，砂轮寿命提高。因此，高效准确地评价电镀 cBN 砂轮磨粒等高性，对提高砂轮磨削表面质量，提高砂轮寿命有重要意义。

师超钰等提出了应用激光位移传感器测量砂轮表面相对高度，以磨粒轮廓的峰点作为特征值，以磨粒高度的极差 H_r 和均方差 H_s 作为等高性特征参数，当极差 H_r 和均方差 H_s 越小，砂轮表面磨粒的等高性越好[107]。极差 H_r 和均方差 H_s 的计算公式为

$$H_r = x_{max} - x_{min} \tag{2-10}$$

$$H_s = \sqrt{\frac{1}{n}\sum_{i=1}^{n}(x_i - \mu)^2} \tag{2-11}$$

$$\mu = \frac{1}{n}\sum_{i=1}^{n}x_i \tag{2-12}$$

应用 SM-1000 三维轮廓仪测量砂轮表面磨粒轮廓，磨粒出刃高度测量过程如图 2-8 所示。在砂轮侧刃区随机选择三个测量区域，通过调节光路强度获得波形良好的反射波，确保三维轮廓仪的高度聚焦。在三维轮廓仪配套软件中分析砂轮表面磨粒三维轮廓数据，提取单颗 cBN 磨粒三维轮廓，采用软件的 Abbott curve 功能获得测量区域内各磨粒出刃高度最大值。

单层电镀 cBN 砂轮侧刃区的 1～3 号测量区的尺寸均为 1.5 mm × 1.5 mm，砂轮磨粒三维轮廓测量结果如图 2-9 所示。从图中可知，各采样区的大部分磨粒分布均匀，出刃高度值相近。逐个提取采样区磨粒的出刃高度，将出刃高度数据按升序排列后的统计结果如图 2-10 所示。依据式（2-10）和式（2-11），单层电镀 cBN 砂轮侧刃区磨粒出刃高度的平均极差 $\overline{H_r} = 89.8$ μm，平均均方差 $\overline{H_s} = 23.0$ μm。各采样区磨粒的出刃高度存在分布集中区间，磨粒出刃高度集中分布区间占比依次为：采样区 3（82.1%）、采样区 1（67.5%）、采样区 2（55.0%）；集中区域的磨粒出刃高度平均极差值为 $\overline{H_{rc}} = 35.6$ μm，平均均方差为 $\overline{H_{sc}} = 11.0$ μm，磨粒出刃高度分布集中区间的磨粒纵向等高性较高。因此，在各采样区域内，磨粒出刃高度纵向分布存在明显差异，但是会出现出刃高度集中分布区间；不同采样区域内，磨粒出刃高度分布总体趋势近似，出刃高度纵向分布差异较小。

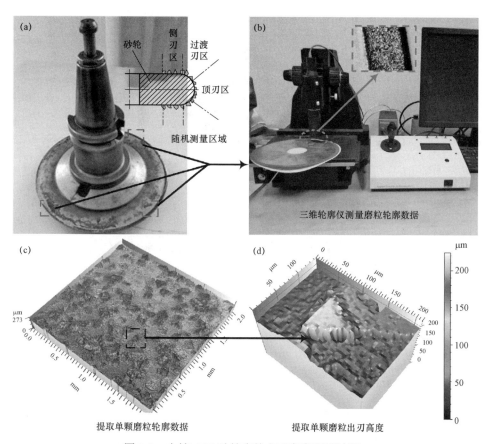

图 2-8 电镀 cBN 砂轮磨粒出刃高度测量过程

（a）单层电镀 cBN 砂轮；（b）光学三维轮廓仪；（c）砂轮侧刃区三维轮廓；（d）单颗 cBN 磨粒的三维轮廓

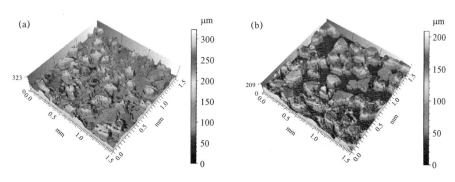

图 2-9 砂轮磨粒三维轮廓

（a）测量区 1；（b）测量区 2

图 2-9　砂轮磨粒三维轮廓（续）

（c）测量区 3

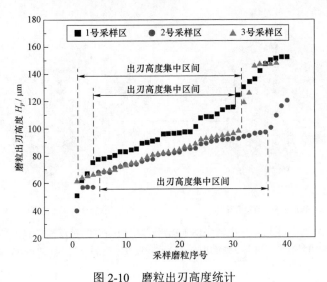

图 2-10　磨粒出刃高度统计

2.3　单层电镀 cBN 砂轮整体磨损特性

2.3.1　单层电镀 cBN 砂轮磨损实验

（1）实验设备和工件材料

在 MV-40 立式加工中心上进行单层电镀 cBN 砂轮磨削 Inconel 718 窄深

槽实验，机床主轴转速范围为 10～10 000 r/min，单层电镀 cBN 砂轮磨削窄深槽的实验参数见表 2-4，磨削实验设备如图 2-11（a）所示，cBN 磨粒在砂轮表面分布如图 2-11（b）所示，cBN 磨粒的分布均匀性较好。窄深槽样件材料为固溶处理 Inconel 718 镍基高温合金，化学组分见表 2-5。采取固定的砂轮线速度、工件进给速度和窄深槽深度，每个窄深槽通过单次行程磨削完成。窄深槽截面形状如图 2-11（c）所示，应用 M-800X 光学显微镜测量窄深槽的过渡区圆角半径平均值为 0.458 mm，单次磨削窄深槽材料去除体积为 417.3 mm^3。

表 2-4 窄深槽磨削实验参数

磨削参数	参数值
砂轮类型	单层电镀 cBN 砂轮
磨削方式	干磨削
砂轮规格	直径：200 mm；厚度：2 mm
工件材料	Inconel 718
工件尺寸	30 mm × 30 mm × 20 mm
砂轮转速	4 000 r/min
工件进给速度	2.0 mm/min
窄深槽深度	7 mm

图 2-11 磨削实验设备

（a）实验设备；（b）新砂轮表面形貌；（c）窄深槽截面

表 2-5　Inconel 718 镍基高温合金的化学组分

元素	Ni	Fe	Cr	Nb	Mo	C	Ti	O	Al	Co	Mn	P	S
重量含量/%	49.0	18.0	18.1	6.2	2.9	2.5	1.0	0.7	0.6	0.4	0.3	0.2	0.1

（2）实验方法

电镀 cBN 砂轮的径向磨损量常用形状复制的方法测量[108]，如图 2-12 所示。砂轮磨削宽度较小的工件，当砂轮表面参与磨削的磨粒磨损后，在砂轮表面形成了明显凹槽；应用磨损砂轮磨削宽度较大且较软低碳钢工件，由于磨削深度大于磨损台阶深度，所以电镀 cBN 砂轮表面磨损台阶被完整复制到低碳钢工件表面,应用光学三维轮廓仪测量工件表面磨损平台的高度即可得到砂轮的径向磨损量。但是，该方法仅适用于平面磨削。在成型磨削过程中,常用磨损砂轮磨削石墨样件复制砂轮形貌方法测量砂轮磨损量。通过测量不同砂轮磨损阶段石墨复制件轮廓尺寸差值获得成型磨削砂轮磨损量[13,17]。形状复制是一种间接测量砂轮磨损量方法，由于缓进给磨削过程的进给速度很小，每次磨削完成后进行的形状复制过程延长近一倍磨削工时，测量效率较低。因此，需要一种效率更高的成形砂轮磨损测量方法。

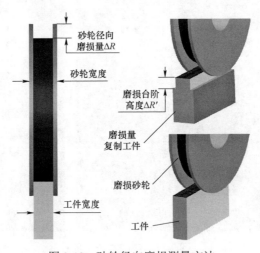

图 2-12　砂轮径向磨损测量方法

单层 cBN 砂轮的耐磨损实验中，应用三维光学轮廓仪直接测量砂轮表面 cBN 磨粒的出刃高度。每条窄深槽磨削完成后，测量砂轮侧刃区随机选取 3 个 2 mm×2 mm 区域表面轮廓，磨粒出刃高度平均值的差值即为砂轮磨粒磨损量。采用数控电火花线切割机床截取砂轮包含磨粒带的样件，应用 VEGA3 TESCEN 扫描电镜检测砂轮表面及镀层截面形貌。

2.3.2　基于磨粒出刃高度的砂轮表面磨损演化

窄深槽的槽侧面是主要工作面，如叶片泵转子槽侧面和涡轮盘榫槽的侧面。窄深槽侧面是由单层 cBN 砂轮的侧刃区磨粒完成最终加工。因此，单层 cBN 砂轮的侧刃区磨损对窄深槽的表面完整性和尺寸精度的影响至关重要。随机区域三维形貌测量结果如图 2-13（a1）～（e1）所示，磨粒出刃高度等高线如图 2-13（a2）～（e2）。磨粒出刃高度等高线基本满足均匀分布，但是随着累计材料去除体积增大，磨粒高度均匀性降低。此外，均匀分布的磨粒附着在新砂轮基体上［图 2-13（a1），图 2-13（a2）］，砂轮表面分布锋锐磨削刃，磨粒的最大出刃高度可达 129 μm。经过不同累积材料去除体积磨削过程，部分磨粒表面出现磨损平台，在图 2-13 中用箭头标记；同时，部分磨粒脱落后在砂轮表面形成凹坑，在图 2-13 中用虚线圆标记。图 2-13（a3）～（e3）展示了不同累积材料去除量的磨粒出刃高度平均频数统计直方图。从图中可知，随着累积磨削材料去除量的增加，最大出刃高度磨粒数量逐渐减少。图 2-13（e1）为过度磨损砂轮表面随机选择区域三维轮廓，由于磨粒脱落和磨耗磨损，最大出刃高度磨粒频数随着累积材料去除体积增大而逐渐减小（图 2-13（e3）），最大磨粒出刃高度减小到 99.2 μm，接近半数磨粒脱落，残留磨粒高度也远低于新砂轮磨粒。

窄深槽磨削过程中，每次磨削行程完成后测量砂轮磨粒出刃高度。图 2-14 为不同累积磨削材料去除量磨粒出刃高度和磨粒数量测量结果。

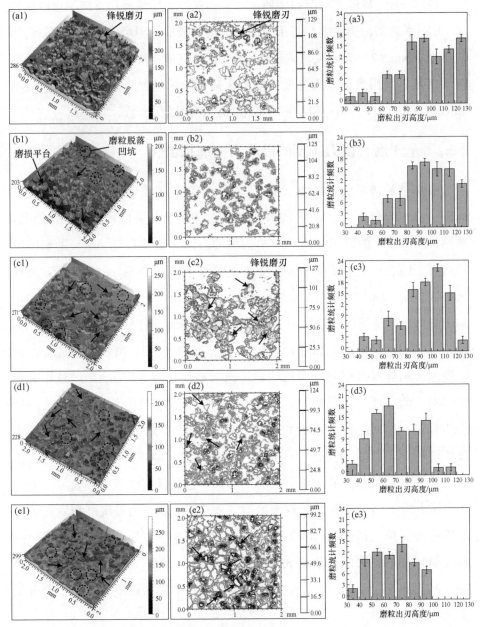

图 2-13　不同材料去除体积的砂轮表面磨损演变（$V_a = 0$ mm^3，$V_b = 834.6$ mm^3，
$V_c = 1\ 669.2$ mm^3，$V_d = 3\ 338.4$ mm^3，$V_e = 5\ 424.9$ mm^3）

（a1）～（e1）砂轮的三维轮廓；

（a2）～（e2）磨粒出刃高度等高线；（a3）～（e3）磨粒出刃高度统计直方图

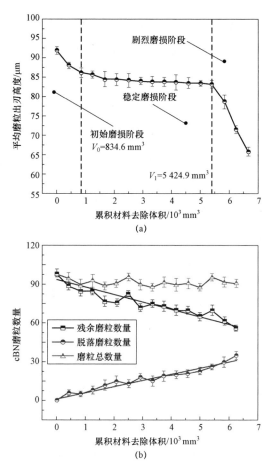

图 2-14　不同材料去除体积的侧刃区磨粒高度和数量
（a）磨粒出刃高度；（b）残留和脱落磨粒数

从图 2-14（a）可知，随着累积材料磨削量增加，砂轮磨粒平均高度值呈现逐渐减小趋势，且在累积材料去除体积为 834.6 mm³ 和 5 424.9 mm³ 时，砂轮平均磨粒磨损速度发生明显转变。在累积材料去除体积 V_0 之前的磨削阶段，砂轮磨粒高度值降低速度较快，称为砂轮初始磨损阶段；在累积材料去除体积 V_0 和 V_1 之间，砂轮磨粒平均高度值降低幅度很小，砂轮进入稳定磨损阶段，砂轮稳定磨损阶段占砂轮寿命周期的 84.6%，磨粒平均高度差值约 3.1 μm，宽度为 2 mm 的窄深槽成型磨削加工的公差等级达到 IT5（GB/T 1800.1—1997）。因此，在稳定磨损阶段砂轮精度保持在较高水平。

在累计材料去除体积超过 V_1 之后，磨粒平均高度降低速度急剧加快，砂轮磨损剧烈，砂轮进入剧烈磨损阶段。在砂轮磨削的初始阶段，最大出刃高度磨粒最先参与磨削，由于数量较少，砂轮-工件实际接触面积较小，因此，在大载荷作用下参与磨削磨粒磨损速度较快，在较短时间内磨粒被磨损，砂轮磨粒平均高度值减小，NAIK 等也得出类似的研究结论[23]。随着大出刃高度磨粒逐渐磨损，新的磨粒开始参与磨削，砂轮磨削有效磨粒数增多，砂轮-工件有效接触面积增大，磨粒受到磨削力减小，磨粒磨损速度减小，砂轮磨粒平均高度值降低缓慢[27]。当砂轮磨损到一定程度，由于磨粒磨钝及磨损平台面积增大，磨粒磨削力增大，磨粒因而剧烈磨损，砂轮磨粒平均高度值急剧减小。

图 2-14（b）为不同累积材料去除体积时砂轮表面残余磨粒数量、脱落磨粒数量及磨粒总数量统计结果，磨粒脱落数量通过砂轮表面磨粒脱落后遗留凹坑确定。随着砂轮磨削工件累积材料去除体积增大，砂轮磨粒脱落数量增加，砂轮表面磨粒数量减少；砂轮采样区不同磨削阶段的磨粒总数量变化不大。曲线拟合结果表明，砂轮磨粒残余数量和脱落数量分别呈现线性减少和线性增加趋势。磨粒脱落是磨粒载荷超过结合剂层固结强度而引发镀层断裂的结果。在砂轮磨损初期，出刃高度大的磨粒先参与磨削，磨粒切削深度大，该部分磨粒所受载荷较大[25]；在砂轮磨粒数目相同情况下，磨粒出刃高度大，意味着磨粒镀层深度较小且固结强度低，砂轮磨损初期强度较低磨粒首先脱落。高出刃磨粒脱落后，参与磨削的磨粒数量增多，单颗磨粒所受载荷减小；但是，磨粒的磨损平台面积逐渐增大，磨粒切削刃钝化而导致磨削力增大[27]。实验结果表明磨粒脱落数量增加速率近似为常数，磨粒钝化引起的磨削力增大起主导作用，磨粒脱落数量依然逐渐增多。在砂轮剧烈磨损阶段，大部分磨粒产生较大磨损平台，磨粒切削深度比未磨损砂轮小，在小切削深度工况下不会引起磨粒载荷的剧烈升高。另外，残余磨粒的固结强度相对较高，并未出现磨粒脱落数量急剧增大现象。类似的磨粒脱落现象也出现在平面磨削过程[23]。因此，单层电镀 cBN 砂轮在缓进给磨削过程中始终保

持较为稳定的磨削性能。

2.3.3　单层 cBN 砂轮的磨损磨粒分布特性

根据单层电镀 cBN 砂轮磨削刃区划分理论,砂轮磨削刃区划分为顶刃区、侧刃区和过渡刃区,如图 2-15 所示。单层电镀 cBN 砂轮磨削窄深槽是典型的成型磨削过程,砂轮顶刃区磨粒完成约 90% 材料切削量,砂轮过渡刃区和侧刃区完成剩余约 10% 的工件材料切削加工。磨粒切削工件材料可划分为滑擦、耕犁和切削三个阶段。砂轮顶刃区磨粒切削深度比过渡刃区和侧刃区大,磨粒经历滑擦、耕犁和切削三个过程,工件材料在切削阶段因塑性变形而断裂去除;砂轮侧刃区磨粒与工件材料之间以滑擦为主,磨粒切削深度很小,窄深槽侧面材料主要发生弹性变形;砂轮顶刃区与侧刃区之间的部分称为过渡刃区,即磨粒塑性化切削方式向弹性滑擦切削方式过渡的区域。砂轮侧刃区的加工形貌与过渡刃区有很大区别,在窄深槽磨削表面形成明显的分界线,图 2-15 中窄深槽磨削表面的轮廓线证明了分界线位置。

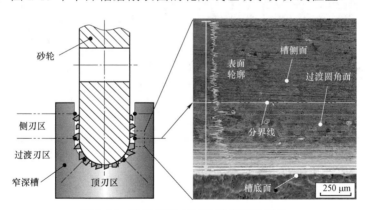

图 2-15　单层电镀 cBN 砂轮磨削区划分

图 2-16(a)为单层电镀 cBN 砂轮磨损后的表面形貌,图 2-16(b)～(e)分别为砂轮顶刃区、过渡刃区、侧刃区中部和侧刃区内缘形貌。砂轮顶刃区磨粒形貌如图 2-16(b)所示,磨粒的磨损特征以宏观断裂和磨耗平台为主,并伴有磨粒脱落发生。图 2-16(c)为砂轮过渡刃区表面形貌,过

渡刃区大量的 cBN 磨粒发生宏观断裂,断裂磨粒数量从轮缘到侧刃区沿径向逐渐减少,在距轮缘约 690 μm 处磨粒的宏观断裂磨损现象消失,多数磨损磨粒的断口呈现疲劳断裂特征。图 2-16(d)为砂轮侧刃区中部区域表面形貌,磨粒表面存在宏观断裂、微小磨耗平台及少量磨粒脱落等磨损现象。图 2-16(e)为砂轮侧刃区内缘处形貌,图中观察到大量磨损磨粒脱落后形成的凹坑,磨粒脱落是主要砂轮磨损形式,越靠近磨粒带内缘,磨粒的脱落程度越严重。

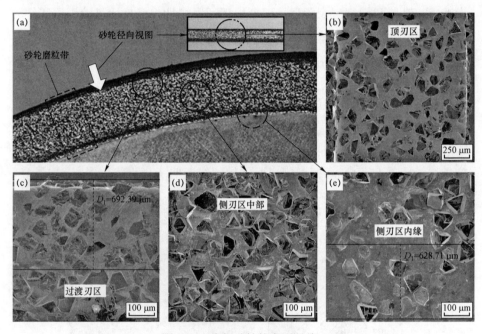

图 2-16 磨损砂轮的表面形貌

(a)砂轮磨粒带宏观形貌;(b)砂轮顶刃区;
(c)砂轮过渡刃区;(d)砂轮侧刃区中部;(e)砂轮侧刃区内缘

未变形切屑厚度是影响砂轮磨削力和磨削表面质量的关键因素,过渡刃区磨粒沿径向靠近侧刃区的方向,其切削深度逐渐减小。磨粒切削深度在侧刃区接近为 0,工件材料去除量减少,磨粒受到的磨削力较小,侧刃区磨粒以滑擦为主要切削方式,侧刃区磨粒滑擦工件过程中磨粒微细切削刃逐渐磨耗磨损,磨粒高点磨损而产生磨损平台。磨粒脱落后的磨削力重新分配是单层电镀 cBN 砂轮侧刃区内缘位置磨粒大量脱落的主要原因[26]。砂轮磨粒脱落的磨削力重分配区在以脱落磨粒为圆心的圆形区域内，侧刃区内缘和侧刃区中间区域磨粒脱落后磨削力重新分配区如图 2-16（a）中的虚线圆和实线圆所示。虚线圆内仅有部分区域有磨粒存在，磨粒数仅占实线圆区域的一半。因此，磨削载荷重新分配后侧刃区内缘磨粒的磨削力大于侧刃区中间区域磨粒，导致侧刃区内缘磨粒脱落数量较多；而随着磨粒脱落数量增多，磨粒脱落影响区内有效磨粒数目减少，磨粒脱落现象加剧，因此侧刃区内缘处产生磨粒脱落磨损聚集现象 ［图 2-16（e）］。同时，侧刃区内缘位置磨粒回转半径减小，磨粒回转线速度减小，磨粒的磨削力增大，进一步加剧磨粒脱落磨损。磨削过程中，磨粒切削是断续的，磨粒受到交变载荷。相较于顶刃区磨粒，过渡刃区磨粒的磨削力方向在加工过程中持续变化。因此，过渡刃区磨粒主要发生疲劳断裂 ［图 2-16（c）］。

2.4　单层电镀 cBN 砂轮磨粒磨损特性

2.4.1　磨损 cBN 磨粒的微观形貌

进一步研究 cBN 砂轮磨粒磨损特性，应用 SEM 检测磨损砂轮表面微观形貌，cBN 磨粒代表性的磨损形貌如图 2-17 所示。cBN 磨粒的磨损特征主要有微裂纹、宏观裂纹、磨耗磨损、解理断裂和工件材料黏附。

图 2-17（a）为产生宏观裂纹的 cBN 磨粒，磨粒的宏观裂纹是微裂纹长度扩展超过临界长度的结果。磨粒的裂纹断面存在解理断裂特征，解理台阶在图中用绿色实线标示。通过裂纹的宽度变化可以判断，裂纹源在磨粒的磨损平台表面。如图 2-17（b）所示 cBN 磨粒顶部产生了微裂纹，主要产生原因是磨削过程中磨粒受到的机械应力和热应力作用。微裂纹扩展引起磨粒断裂，形成光滑的断口面。磨粒靠近根部发生解理断裂，碎屑从磨粒上脱落。

发生典型解理断裂的 cBN 磨粒如图 2-17（c）所示，磨粒断裂表面的解理特征有解理台阶和河流纹样，断裂面横跨整个磨粒，解理断裂面沿平行于砂轮结合面的方向在磨粒内扩展。砂轮磨削过程中，有部分磨粒在高温高压作用下黏附到磨粒表面，如图 2-17（d）所示。对黏附材料进行 EDS（能谱仪）分析，检测结果表明黏附的材料为 Inconel 718，如图 2-18 所示。

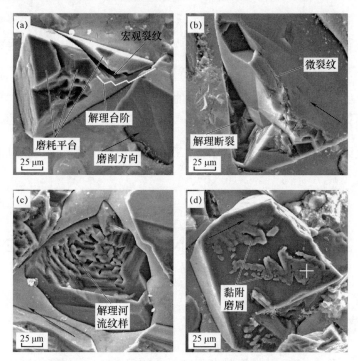

图 2-17　单层 cBN 砂轮侧刃区磨损磨粒 SEM 图像
（a）宏观裂纹；（b）微裂纹；（c）解理断裂；（d）工件材料黏附

2.4.2　窄深槽磨削用砂轮的 cBN 磨粒断裂机理

cBN 磨粒的磨损随着累积材料去除体积增加先后经历磨耗磨损、微观断裂、宏观断裂[23,25,109]。单层电镀 cBN 砂轮缓进给磨削窄深槽过程中，砂轮侧刃区磨粒滑擦槽侧面，磨耗磨损首先发生在磨粒与工件接触区。在长期的连续滑擦过程中，出刃高度较大的磨粒慢慢磨耗，在顶部形成磨耗平台[110]。随着磨耗平台面积增大，磨粒逐渐钝化，磨粒上磨削力增大[111]。通过大量

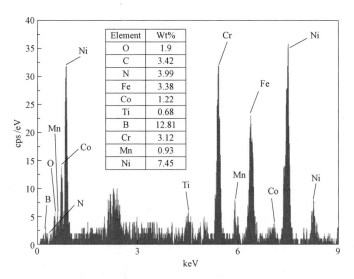

图 2-18　磨粒黏附材料的 EDS 分析结果

的 SEM 检测结果发现，解理是 cBN 磨粒的主要断裂方式。当磨粒上的拉应力超过拉伸强度时，cBN 磨粒发生解理断裂[112,113]。砂轮上大部分磨粒的结合强度较高，虽然受到较大的磨削载荷，但是并没有发生脱落。图 2-19（a）为 cBN 磨粒典型的解理断裂表面，解理台阶、河流纹样和解理小面等解理断裂特征清晰可见，解理裂纹源于 cBN 磨粒侧面。随着解理裂纹扩展，磨粒的结构强度降低，最终上半部分磨粒断裂并脱落，露出解理断裂面。图 2-19（b）为磨粒脱落后残留的凹坑和磨粒碎屑，磨粒脱落凹坑边缘的镀层形状规则、整齐，说明磨粒脱落前并未发生晃动，磨粒的结合强度高。磨耗磨损的主要特征是磨粒顶部的磨耗平台[114,115]。磨粒在往复摩擦作用下逐渐磨损，在顶部形成明显磨耗平台（图 2-19（c））。解理断裂出现在磨损平台边缘，当河流纹样穿过孪晶界时数量会增加，如图 2-19（c）所示。图 2-19（d）中磨粒解理断裂表面有完整的河流纹样和解理台阶特征，河流纹样始于磨粒晶界，由此可以推断解理裂纹起源该晶界。河流纹样的方向如图中箭头所示，当解理裂纹扩展到临界长度，磨粒碎屑断裂脱落。如图 2-19（e）所示磨粒顶部有明显的磨耗平台，磨粒的最高磨削刃被磨平，解理断裂发生在磨耗平台边缘和磨粒侧面。图 2-19（f）为磨粒侧面解理断裂特征的放大图像，河流纹样和解理台阶清晰可见。解理裂纹扩展过程中，为了减少能量消耗，河流纹样逐渐趋于汇集，因此解理裂纹源位于磨粒侧面，裂纹扩展方向如图中箭头所示。

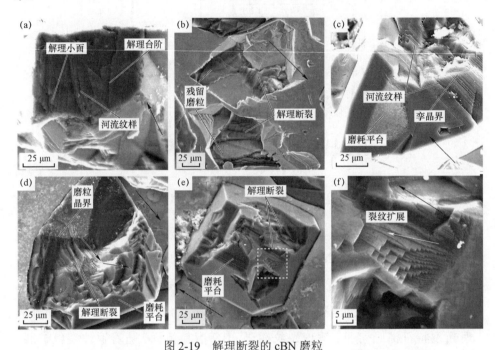

图 2-19　解理断裂的 cBN 磨粒

（a）磨粒的典型解理断裂面；（b）残留 cBN 碎屑的解理断裂；（c）磨损平台边缘的解理断裂；
（d）源于孪晶界的解理断裂；（e）源于磨粒侧面的解理断裂；（f）解理断裂源

2.5　单层电镀 cBN 砂轮镀层磨损

2.5.1　镍基镀层表面磨损特性

砂轮镀层磨损也会影响单层 cBN 砂轮的磨削性能，砂轮镍基镀层磨损形式主要有裂纹、剥落、磨损、腐蚀等[116]。磨削力、金属切屑和磨粒碎屑等都是镀层磨损的原因，镀层磨损后，磨粒的把持强度降低，是磨粒脱落的诱因之一。单层电镀 cBN 砂轮的镍基镀层磨损形貌特征如图 2-20 所示。磨粒脱落后在镀层表面遗留下凹坑，在镀层表面有明显的划痕 [图 2-20（a）]。根据先前研究结果[117,118]，在磨削过程中断裂磨粒碎屑和脱落磨粒会划擦和切削镀层，导致镀层表面不可避免地出现划痕。轻微划痕对镀层强度影响较小。但是，当划痕集中在较小区域内时，砂轮镀层将产生裂纹、磨损等问题。砂轮表面部分磨粒在磨削力作用下产生晃动，会引起磨粒与镀层结合面断裂。随着磨粒晃动幅度的增大，部分 cBN 磨粒被抬高，镀层的剪切应力超过许用强度，变形镀层产生裂纹，镀层产生微裂纹并向周围区域扩展 [图 2-20（b）]。产生微小位移的磨粒会挤压周围的镀层金属，镀层产生塑性变形，部分镀层因变形而被抬高、隆起。砂轮镀层的结构完整性被破坏，导致磨粒的把持强度降低，晃动的磨粒在随后磨削过程中更容易脱落。如图 2-20（c）所示磨粒与镀层之间产生明显位错，裂缝宽度较大，周边镍基镀层产生微观裂纹。Li 等在单颗 cBN 磨粒切削实验中发现过类似的磨粒发生位移现象[119]。

2.5.2　镍基镀层磨损截面形貌特性

图 2-21（a）为新砂轮截面形貌，镍基镀层和基体之间存在窄的过渡层，镀层与基体结合紧密，镀层结构完整。与新砂轮相比较，失效砂轮各刃区的过渡层变宽 [图 2-21（b）]；顶刃区镀层结合面的 EDS 分析结果表明，过渡层为 Ni 和 Fe 的混合物 [图 2-21（c）]。磨削高温作用下，过渡层材料热膨胀特性与镀层（1.30×10^{-5} K^{-1}）[120]和基体（1.16×10^{-5} K^{-1}）[121]不同。磨削热在镍基镀层、过渡层和砂轮基体上产生了不同的热膨胀体积，因而产生了 N-T 边界（镍基镀层和过渡层之间边界）和 M-T 边界（基体与过渡层之间边界）[图 2-21（c）]。大量的磨削热导致了较大的热膨胀体积，过渡层宽度也增大，降低了镍基镀层的结合强度。此外，砂轮过渡刃区受到沿圆角径向的力 F_c [图 2-21（b）]，对称分布的砂轮轴向分力 F_t 挤压顶刃区镀层，引起镀层的凸起变形。镀层剥离区域的 EDS 分析结果证明，顶

刃区镀层断裂并被剥离［图 2-21（d）］，砂轮基体完全裸露，顶刃区镀层结构完整性被破坏。过渡刃区镀层受到循环交变载荷，裂纹自磨粒边缘向周边镀层区域扩展，位于磨粒边缘镀层最先发生翘曲及剥落［图 2-21（e）］，对磨粒把持强度降低，磨粒脱落。在脱落的 cBN 磨粒凹坑边缘，存在翘曲镀层及镀层断裂痕迹［图 2-21（f）］。同时，砂轮过渡刃区镀层内伴有层间裂纹。

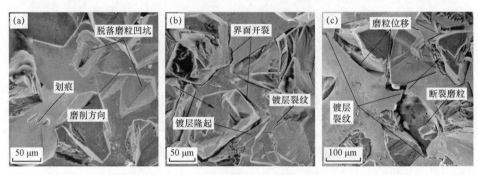

图 2-20　砂轮镀层磨损表面形貌：
（a）镀层划痕和凹坑；（b）结合面开裂和镀层隆起；（c）磨粒位移和镀层裂纹

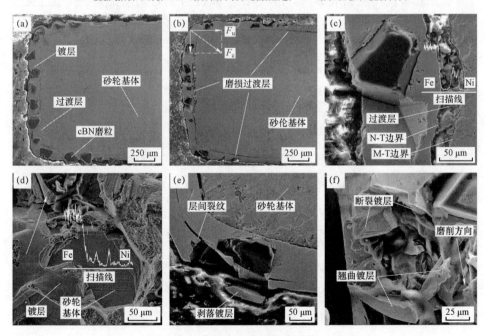

图 2-21　砂轮镀层磨损截面形貌：
（a）新砂轮的截面形貌；（b）磨损砂轮的截面形貌；（c）过渡层；（d）剥落的镀层；
（e）过渡刃区镀层的层间裂纹；（f）翘曲的镀层碎屑

2.6 单层电镀 cBN 砂轮的烧伤磨损

窄深槽磨削过程中，砂轮与工件接触区在工件内部，形成半封闭的磨削区，外部供给的磨削液仅能从砂轮与槽侧面和槽底面之间狭小缝隙进入磨削区，为此需要大量供给磨削液，以便满足窄深槽磨削的冷却需求。但是，大量使用磨削液会造成严重的环境污染和加工成本升高。因此，开展单层电镀 cBN 砂轮干式成型磨削窄深槽工艺研究，采用缓进给磨削的加工方式，降低进给速度，减小砂轮未变形切屑厚度，降低单位时间产生的磨削热，以达到无烧伤干式磨削窄深槽的目的。

但是，在窄深槽干式磨削过程中，也出现了单层 cBN 砂轮烧伤现象，如图 2-22 所示。烧伤部位整体呈月牙形，根据烧伤程度的不同划分为烧伤始发区、烧伤区和热影响区。通常磨削热从热源位置呈辐射状向外传递，因此烧伤始发区位于月牙区域中部的砂轮边缘位置（图 2-22），砂轮磨削烧伤从始发区向外扩散，越靠近烧伤始发位置砂轮的烧伤程度越严重；烧伤砂轮表面颜色从烧伤始发区向外依次为如图所示。

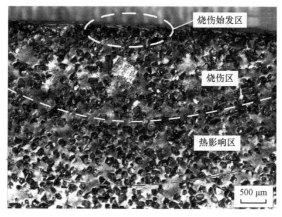

图 2-22 单层电镀 cBN 砂轮磨削烧伤

从图 2-22 还可以看到，烧伤砂轮的顶刃区发生了较为严重的磨粒堵塞。截取单层 cBN 砂轮烧伤部位，砂轮顶刃区堵塞部位的 SEM 图像如图 2-23 所示。大量工件材料黏附到砂轮表面，造成砂轮堵塞；cBN 磨粒几乎全部被黏附材料包裹，堵塞区域磨粒的出刃高度近似等于零，磨粒因堵塞而严重钝化。在砂轮干式磨削过程中，虽然采用了较小的进给速度，降低磨削热的产生效率，但是由于磨粒磨损造成局部区域的磨削热集中。部分磨屑在排出时经过磨削热集中区，磨屑在高温高压作用下黏附到磨粒表面；随着磨削的持续，砂轮表面黏附区域逐渐扩大，堵塞砂轮的容屑空间，磨粒被完全包裹，失去磨削能力。砂轮堵塞区域与工件摩擦产生大量热量，磨削热量的增加进一步加剧堵塞区域扩展，如此往复循环，最终造成砂轮烧伤。

图 2-23 单层电镀 cBN 砂轮顶刃区堵塞部位

2.7 本章小结

完成了单层电镀 cBN 砂轮的制备，分析了砂轮表面磨粒的形貌特征，研究了砂轮表面 cBN 磨粒磨损演化机理、砂轮磨损磨粒的整体分布特点、磨粒微观磨损特性和断裂机理、砂轮镀层磨损特性，分析了单层电镀 cBN 砂轮烧伤问题。主要研究结论如下：

① 电镀制备的单层 cBN 砂轮磨粒呈单层排布，磨粒浓度合理，整体分布均匀，砂轮磨粒等高性较好。

② 将单层电镀 cBN 砂轮的磨削刃划分为顶刃区、侧刃区和过渡刃区；利用侧刃区磨粒平均高度值来评价单层电镀 cBN 砂轮磨削窄深槽的磨损阶段，砂轮磨损分为初始磨损阶段、稳定磨损阶段和剧烈磨损阶段，砂轮稳定磨损阶段占有效寿命周期的 84.6%，砂轮的磨削精度在稳定磨损阶段保持在较高水平。过渡刃区磨粒由于受到交变载荷作用，产生严重宏观断裂磨损；在磨粒带内缘，磨粒脱落引起周围磨粒的磨削力升高幅度最大，导致该区域磨粒脱落集中；砂轮顶刃区和侧刃区中部的磨损形式为微裂纹和磨耗磨损。

③ cBN 磨粒的磨损形式主要是磨耗磨损和解理断裂，磨粒出刃高度大和磨耗平台面积大的磨粒上的磨削力较大，易发生解理断裂；解理断裂是解理裂纹扩展的结果，解理裂纹起源于磨粒磨耗平台表面或磨粒侧面。

④ 单层电镀 cBN 砂轮镀层磨损形式有表面划痕、磨粒-镀层结合面断裂、镀层位移、镀层裂纹等，砂轮镀层磨损降低磨粒夹持强度，是引起磨粒脱落的主要原因。单层电镀 cBN 砂轮镀层的过渡层降低镀层与砂轮基体的结合强度，与磨削力共同作用，引起镀层膨胀变形，部分镀层被剥离或翘曲变形，破坏镀层的结构完整性和结合强度。

⑤ 砂轮顶刃区磨粒黏附有工件材料，包埋住磨粒而引起砂轮堵塞，造成磨削热量增多，最终导致砂轮堵塞区域的局部烧伤。

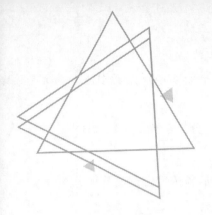

第3章　窄深槽磨削用风冷式砂轮设计及气流场特性

单层电镀 cBN 砂轮缓进给磨削窄深槽过程中的砂轮局部烧伤是限制干式磨削技术应用的关键问题。研究适合窄深槽磨削加工的强化冷却技术，解决砂轮烧伤问题，对实现窄深槽结构绿色加工，降低生产成本有重要意义。因此，提出风冷式砂轮磨削窄深槽新技术，通过设计风冷式砂轮结构，将环境空气输送到半封闭磨削区进行对流换热冷却，降低窄深槽磨削区温度，避免砂轮的局部烧伤。本章将进行风冷式砂轮的结构设计制造，研究风冷式砂轮气流场分布特性，为风冷式砂轮强化换热机理研究提供技术与理论基础。

3.1　风冷式砂轮的强化冷却原理

3.1.1　缓进给磨削窄深槽的冷却问题

缓进给磨削窄深槽在一个加工行程内去除所有槽内工件材料，砂轮的磨削深度等于槽的深度，磨削深度较大。窄深槽结构的大切深成型磨削加工衍生出来的冷却困难问题主要可以总结为以下三点：

（1）半封闭的磨削区

窄深槽的磨削深度大，砂轮与工件的接触弧长度较大，槽的两侧壁面与接触区砂轮构成了半封闭的磨削区域。接触区与外界仅通过磨粒间隙直接连通。

（2）磨削液难以进入磨削区

窄深槽磨削区位于工件内部的半封闭区域，磨削液射流无法直接喷射到磨削区域，仅能通过砂轮旋转带动磨削液，从砂轮与槽壁面之间间隙进入磨削区。因此，机床供给的磨削液仅有少量能够进入磨削区参与冷却；即便增大磨削液供给量，进入磨削液体积也只是略微增加，这是窄深槽磨削区冷却困难的主要原因。

（3）薄膜沸腾效应引起局部烧伤

窄深槽磨削区产生大量的磨削热，部分热量集中区域的磨削液沸腾并形成汽膜层，磨削区其余的磨削液被汽膜层所阻隔，汽膜层区域加工表面相当于干磨削，在局部区域引发工件甚至是砂轮烧伤。

窄深槽由于结构特殊性，存在磨削液冷却困难引发烧伤的问题。强化磨削区换热是降低磨削温度，避免工件表面热损伤的重要手段。因此，磨削过程须采用专用的冷却技术，如径向高压射流冲击强化冷却、MQL（将压缩气体与极微量润滑液混合汽化后喷射到磨削区）、液氮低温冷却、低温喷雾射流冲击强化换热技术等[122-125]。这些技术很大程度上实现了常规零件超高速磨削的强化冷却，但对于窄深槽结构零件，冷却介质难以到达磨削接触区域的问题仍然得不到根本性的解决。因此，必须研究适合窄深槽磨削的强化冷却技术，加快缓进给磨削工艺在窄深槽加工领域的推广应用。结合窄深槽磨削冷却困难的问题分析结论，窄深槽磨削强化冷却需要满足的技术要点为：

（1）采用薄片砂轮结构

窄深槽采用成型磨削工艺，槽的宽度通常小于 4 mm，单层 cBN 砂轮在一个磨削行程内去除全部的加工余量，窄深槽磨削强化冷却工艺需要采用薄片砂轮。

（2）冷却介质能直达封闭磨削区

窄深槽的磨削区是半封闭的，传统的外部供给磨削液方式仅能使有限体积的磨削液进入磨削区；为最大限度地提高冷却效果，窄深槽磨削强化冷却技术要能够将冷却介质直接输送到磨削表面，进行直接强化冷却，降低磨削区温度。

（3）克服薄膜沸腾效应影响

磨削液薄膜沸腾形成的汽膜层是局部突发磨削烧伤的主要原因，采用液体冷却介质很难避免薄膜沸腾效应发生，选择合适的冷却介质是解决这一问题的关键。

（4）满足绿色制造要求

绿色制造是对现代加工制造业的基本要求，窄深槽强化冷却技术要满足绿色环保、节能节耗，且不额外增加加工成本。

3.1.2　风冷式砂轮磨削窄深槽的强化冷却原理

针对磨削区封闭磨削液难以进入和磨削液薄膜沸腾效应引起的窄深槽磨削加工冷却困难问题，设计了一种风冷式砂轮，用于窄深槽磨削区的强化冷却。首先，风冷式砂轮以环境空气为冷却介质，替代传统的磨削液，解决磨削液的薄膜沸腾效应引起的阻碍冷却问题，降低磨削加工成本，减少磨削液排放引起的环境污染，实现窄深槽的绿色制造。其次，设计了内夹气流道的砂轮基体，在基体内部布置气流道，流道出口在砂轮圆周面上；砂轮磨削窄深槽时，冷却空气经气流道从出风口流出，喷射到窄深槽磨削区进行冷却，克服半封闭磨削区带来的冷却困难问题。另外，设计随机床主轴转动离心式涡轮导风轮，作为冷却空气的气源部件；导风轮充分利用主轴自转，无须额外的加压设备，即可源源不断提供强化冷却空气，符合节能节耗，节约成本的设计要求。最后，设计了风量调节装置，通过换装开口度不同的风量调节环，可以调节冷却风量的大小，满足多种条件的冷却需求。

风冷式砂轮磨削窄深槽时，导风轮安装在机床主轴上，通过螺钉固定；

风冷式砂轮基体装配到导风轮，砂轮压盘与导风轮通过螺纹连接，砂轮压盘通过左旋螺纹压紧砂轮，风冷式砂轮沿顺时针方向磨削，压盘因摩擦力而自紧；风量调节环与涡轮导风轮通过螺钉紧固装配，导风轮叶片之间形成半封闭空腔。机床主轴转动时，带动导风轮高速旋转，导风轮的涡轮叶片将环境空气引入砂轮内部空气流道，经过砂轮基体内部流道，从基体轮缘出风口喷射到磨削区域，消除气流屏障影响。流经磨削区的空气带走大量磨削热，实现磨削区域的强化冷却，风冷式砂轮结构设计如图 3-1 所示。

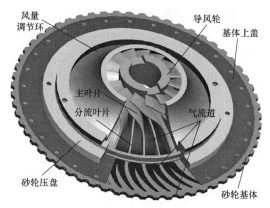

图 3-1　风冷式砂轮结构设计示意图

3.2　窄深槽磨削用风冷式砂轮设计及制造

离心式导风轮是风冷式砂轮的气源部件，需要满足空气轴向-径向流动转变和空气压缩这两个功能，导风轮结构设计主要分为叶片结构设计、叶盘结构设计和装配结构设计三部分。叶片是导风轮的关键工作部位，导风轮转动过程中叶片拨动空气沿叶片表面运动，将导风轮的机械能转化为压缩空气的动能和内能。导风轮叶片的形状有平板形、圆弧形、椭圆形和抛物线形，其中抛物线形叶片的气流流动损失低，气流从轴向到径向平顺过渡，而且叶片的强度较高，是理想的导风轮叶片结构。导风轮的叶盘有平叶盘、锥形叶盘和弧形叶盘等结构，平叶盘的加工制造简单，但是气体的流动损伤较大；锥形叶盘和弧形叶盘结构的制造难度较大，但是气动性能和强度比平叶盘好。导风轮的叶片布局可分为前弯叶片布置、径向叶片布置和后弯叶片布置，前弯叶片导风轮的叶盘顺着旋转方向，导风轮强度较低，仅能承受较低圆周速度，传递给空气的能量较低；后弯叶片导风轮的叶片逆着旋转方向弯曲，后弯叶片导风轮出口处的气流均匀，气流流动损失小，叶轮效率最高。综合比较离心式导风轮各结构特点，风冷式砂轮的导风轮采用抛物线形叶片，弧形叶盘，后弯叶片布置，能够获得较高强度和刚性，承受圆周速度大，增压能力强。

3.2.1　抛物线形叶片的成型原理

抛物线形叶片的叶片型面与任一半径的圆柱面相截所得的截线均是抛物线，而抛物线上的各点至圆柱轴线的垂直线所形成的曲面即叶片的型面。按其成型原理可知，整个叶片型面是变螺距螺旋圆柱抛物面，简称抛物面，如图 3-2 所示。OO_1 为圆柱轴线，也是抛物面的旋转中心，弧 AB 为半径 r_2

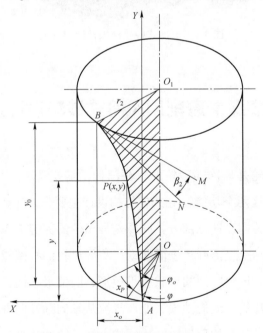

图 3-2　螺旋圆柱抛物面成型原理[126]

的圆柱面上的抛物线，O_1B 为叶片的入口边，BM 为 r_2 圆周在 B 点的切线，BN 为抛物线在 B 点的切线，两切线间的夹角 β_2 即表示叶型入口边在半径 r_2 处的弯曲角，A 点为叶型上抛物线起点。

$P(x,y)$ 为抛物线上任意点，抛物线方程为

$$x = a_r y^{t_r} \tag{3-1}$$

根据图 3-2 的几何模型可以推导出抛物线系数 a_r 和指数 t_r 的计算公式为

$$a_r = \frac{1}{t_r y^{t_r-1} \tan\beta_{2P}} \tag{3-2}$$

$$t_r = \frac{180° y}{\pi r_2 \varphi \tan\beta_{2P}} \tag{3-3}$$

式中，φ—由 OA 起始的叶型转角。

此外，根据螺旋抛物面成型原理，任一半径 r_2' 处的圆柱面与叶片型面的交线为

$$x' = a_r' y'^{t_r'} \tag{3-4}$$

在相同的叶型转角 φ 处

$$\frac{x}{x'} = \frac{r_2}{r_2'}, \quad y' = y \tag{3-5}$$

则

$$x = \frac{r_2}{r_2'} x' = \frac{r_2}{r_2'} a_r' y'^{t_r'} = a_r y^{t_r} \tag{3-6}$$

可得圆柱面半径 r_2 和 r_2' 处的抛物线系数和指数关系为

$$a_r = a_r' \frac{r_2}{r_2'}, \quad t_r = t_r' \tag{3-7}$$

因此，螺旋抛物面在所有直径上与成圆柱的交线都是抛物线，其抛物线指数 t_r 都相同，抛物线系数 a_r 不同，a_r 与半径成正比。由式（3-2）可得

$$\tan\beta_{2P} = \frac{1}{a_r t_r y^{t_r-1}} = \frac{1}{a_r' t_r' y^{t_r-1}} \cdot \frac{r_2'}{r_2} = \frac{r_2'}{r_2} \tan\beta_{2P}' \tag{3-8}$$

上式表明螺旋抛物面的弯曲角 β_2 与直径成反比。根据螺旋抛物面的上述特性，可以选用任一直径的截圆柱面上的抛物线来设计型面，只需将该直

径处的条件 β_2，y 和 φ 代入式（3-2）和式（3-3）求出相应的抛物线指数 t_r 和系数 a_r，所得到的型面相同。

3.2.2 抛物线形叶片结构设计

抛物线形叶片结构如图 3-3 所示，叶片的中心抛物面（OO_1BAC）通过导风轮的轴线，由中心抛物面向两侧移出的面称为叶片的凸抛物面（$O_aO_{1a}B_aA_aC_a$）和凹抛物面（$O_bO_{1b}B_bA_bC_b$）。叶片与轮盘连接处称为叶底，入口边被称为叶顶，叶片外缘称为叶尖，叶片与轮毂连接处称为叶根。根据叶片的强度要求，叶顶、叶底、叶尖和叶根的移出量都不相同，所以叶片的凸、凹抛物面具有与中心抛物面不同的抛物线指数和系数。抛物线形叶片的结构设计实质上是计算凸、凹抛物面的抛物线指数和系数的过程：

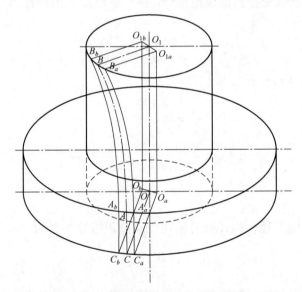

图 3-3　抛物线形叶片结构示意图[126]

（1）计算叶片凸、凹抛物面旋转中心

在抛物线形叶片上，抛物线的射线都是通过其旋转中心的，所以一个抛物面的任意两条射线在垂直于叶轮轴线的平面上的投影交点即为抛物面旋转中心，导风轮上的任一叶片在垂直于轴线的平面上的投影如图 3-4 所示，定义抛物面旋转中心的各符号的意义见表 3-1。

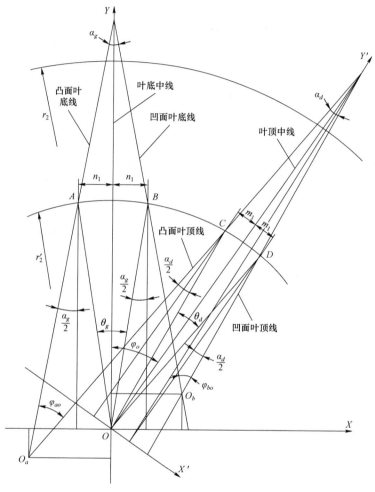

图 3-4　抛物面旋转中心[126]

由图 3-4 中的几何关系可得凸、凹面抛物面旋转中心坐标关系式为

$$x_a = n_1 + \left(r_2' \cos\frac{\theta_g}{2} + y_a \right) \tan\frac{\alpha_g}{2} \tag{3-9}$$

$$x_b = n_1 + \left(r_2' \cos\frac{\theta_g}{2} - y_b \right) \tan\frac{\alpha_g}{2} \tag{3-10}$$

$$x_a' = m_1 + \left(r_2' \cos\frac{\theta_d}{2} + y_a' \right) \tan\frac{\alpha_d}{2} \tag{3-11}$$

$$x_b' = m_1 + \left(r_2' \cos \frac{\theta_d}{2} - y_b' \right) \tan \frac{\alpha_d}{2} \qquad （3\text{-}12）$$

表 3-1　抛物面旋转中心符号意义

符号	意义	符号	意义
O	中心抛物面旋转中心	O_bF	凹面叶顶线
O_a	凸面抛物面旋转中心	α_g	叶底凸凹面夹角
O_b	凹面抛物直旋转中心	α_d	叶顶凸凹面夹角
OY	叶底中线	θ_g	叶底凸、凹面至叶轮中心的夹角
OY'	叶顶中线	θ_d	叶顶凸、凹圆至叶轮中心的夹角
O_aCG	凸面叶底线	φ_o	叶片中心抛物面包角
O_aE	凸面叶顶线	n_1	叶底半值宽
O_bDH	凹面叶底线	m_1	叶顶半值宽
r_2	叶轮出口外圆半径	r_2'	叶轮入口截面外圆半径

为求得凸、凹抛物面旋转中心的坐标值，根据图 3-5 中 O_a 和 O_b 对 XOY 和 $X'OY'$ 的坐标变换关系可得

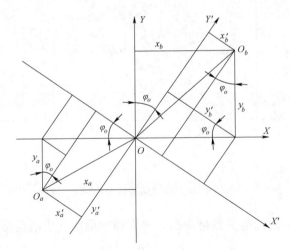

图 3-5　抛物线旋转中心坐标转换[126]

$$x_a' = x_a \cos \varphi_o - y_a \sin \varphi_o \qquad （3\text{-}13）$$

$$y_a' = x_a \sin \varphi_o + y_a \cos \varphi_o \qquad （3\text{-}14）$$

$$x_b' = x_b \cos \varphi_o - y_b \sin \varphi_o \qquad （3\text{-}15）$$

$$y_b' = x_b \sin \varphi_o + y_b \cos \varphi_o \qquad （3\text{-}16）$$

将式（3-14）代入式（3-11）得

$$x_a' = m_1 + r_2'\cos\frac{\theta_d}{2}\tan\frac{\alpha_d}{2} + (x_a\sin\varphi_o + y_a\cos\varphi_o)\tan\frac{\alpha_d}{2} \quad (3\text{-}17)$$

将式（3-9）代入（3-17）得

$$\begin{aligned}
x_a' &= m_1 + r_2'\cos\frac{\theta_d}{2}\tan\frac{\alpha_d}{2} + n_1\tan\frac{\alpha_d}{2}\sin\varphi_o + r_2'\cos\frac{\theta_g}{2}\tan\frac{\alpha_g}{2}\tan\frac{\alpha_d}{2}\sin\varphi_o \\
&\quad + y_a\tan\frac{\alpha_g}{2}\tan\frac{\alpha_d}{2}\sin\varphi_o + y_a\tan\frac{\alpha_d}{2}\cos\varphi_o
\end{aligned} \quad (3\text{-}18)$$

将式（3-9）代入式（3-13）得

$$x_a' = n_1\cos\varphi_o + r_2'\cos\frac{\theta_g}{2}\tan\frac{\alpha_g}{2}\cos\varphi_o + y_a\tan\frac{\alpha_g}{2}\cos\varphi_o - y_a\sin\varphi_o \quad (3\text{-}19)$$

由式（3-18）和式（3-19）相等，经整理即得

$$\begin{aligned}
y_a &= \left(n_1\cos\varphi_o - n_1\tan\frac{\alpha_d}{2}\sin\varphi_o - m_1 - r_2'\cos\frac{\theta_d}{2}\tan\frac{\alpha_d}{2} + r_2'\cos\frac{\theta_g}{2}\tan\frac{\alpha_g}{2}\cos\varphi_o \right. \\
&\quad \left. - r_2'\cos\frac{\theta_g}{2}\times\tan\frac{\alpha_g}{2}\tan\frac{\alpha_d}{2}\sin\varphi_o \right) \Big/ \left(\sin\varphi_o - \tan\frac{\alpha_g}{2}\cos\varphi_o + \tan\frac{\alpha_d}{2}\cos\varphi_o \right. \\
&\quad \left. + \tan\frac{\alpha_g}{2}\tan\frac{\alpha_d}{2}\sin\varphi_o \right)
\end{aligned}$$

$$(3\text{-}20)$$

将 y_a 代入式（3-9）可求得 x_a。

用同样的方法可以推导出

$$\begin{aligned}
y_b &= \left(n_1\cos\varphi_o + n_1\tan\frac{\alpha_d}{2}\sin\varphi_o - m_1 - r_2'\cos\frac{\theta_d}{2}\tan\frac{\alpha_d}{2} + r_2'\cos\frac{\theta_g}{2}\tan\frac{\alpha_g}{2}\cos\varphi_o \right. \\
&\quad \left. + r_2'\cos\frac{\theta_g}{2}\tan\frac{\alpha_g}{2}\tan\frac{\alpha_d}{2}\sin\varphi_o \right) \Big/ \left(\sin\varphi_o + \tan\frac{\alpha_g}{2}\cos\varphi_o - \tan\frac{\alpha_d}{2}\cos\varphi_o \right. \\
&\quad \left. + \tan\frac{\alpha_g}{2}\tan\frac{\alpha_d}{2}\sin\varphi_o \right)
\end{aligned}$$

$$(3\text{-}21)$$

将 y_b 代入式（3-10）可求得 x_b。

上述公式中的 n_1、m_1、α_d、α_g 是根据制造工艺和叶片强度决定，θ_g、θ_d 则可由以下公式计算

$$\theta_g = 2\arcsin\frac{n_1}{r_2'} \qquad (3\text{-}22)$$

$$\theta_d = 2\arcsin\frac{m_1}{r_2'} \qquad (3\text{-}23)$$

（2）计算凸、凹抛物面叶底线与叶顶线的夹角 φ_{ao} 和 φ_{bo}

半开式径向叶片导风轮最佳叶片数公式为[127]

$$z_c = 10 + 0.0295 D_2 \qquad (3\text{-}24)$$

式中，D_2——导风轮出口直径。

叶片中心抛物面包角可表示为

$$\varphi_o = \frac{360^\circ}{z_c} + \gamma \qquad (3\text{-}25)$$

设计导风轮出口直径为 150 mm，最佳叶片数计算为 15 个。选择叶片重叠角 $\gamma = 20^\circ$ 后。设计叶底厚度 $2n_1 = 2$ mm，叶顶宽度 $2m_1 = 1$ mm；叶底、叶顶凸凹面夹角分别为 $\alpha_g = 15^\circ$，$\alpha_d = 10^\circ$；由公式（3-22）和（3-23）计算得 $\theta_g = 3.3^\circ$，$\theta_d = 1.6^\circ$。

由图 3-5 中的几何关系得到凸凹抛物面叶底线与叶顶线的夹角公式分别为

$$\varphi_{ao} = \varphi_o + \frac{\alpha_d}{2} - \frac{\alpha_g}{2} \qquad (3\text{-}26)$$

$$\varphi_{bo} = \varphi_o - \frac{\alpha_d}{2} + \frac{\alpha_g}{2} \qquad (3\text{-}27)$$

由公式（3-26）和（3-27）计算 $\varphi_{ao} = 46.5^\circ$，$\varphi_{bo} = 41.5^\circ$。

（3）计算凸、凹面抛物线指数 t_a 和 t_b

按式（3-3）并结合图 3-5 可得凸、凹面抛物线指数公式为

$$t_a = \frac{180^\circ y_o}{\pi r_{2a}' \varphi_{ao} \tan\beta_2'} \qquad (3\text{-}28)$$

$$t_b = \frac{180^\circ y_o}{\pi r_{2b}' \varphi_{bo} \tan\beta_2'} \qquad (3\text{-}29)$$

式中，y_o—叶片轴向宽度，叶片的凸、凹面轴向宽度均等于 y_o；

β_2'—叶片在半径 r_2' 处的弯曲角；

r_{2a}' 和 r_{2b}'—沿凸、凹面抛物线旋转半径 O_aC 和 O_bD，且

$$r_{2a}' = \frac{x_a' - m_1}{\sin(\alpha_d / 2)} \tag{3-30}$$

$$r_{2b}' = \frac{x_b' - m_1}{\sin(\alpha_d / 2)} \tag{3-31}$$

导风轮叶片按等环量原则预旋，以减少气流流动损失，提高效率，叶片的扭转规律为 $r_2 \tan\beta_2 =$ 常数。由于叶片扭转部分扭转规律是一致的，叶片在半径 r_2' 处的弯曲角为

$$\beta_2' = \arctan\frac{r_1'\tan\beta_1'}{r_2'} \tag{3-32}$$

由公式（3-32）计算得半径 r_2' 处叶片弯曲角 $\beta_2' = 14.4°$。

（4）计算凸、凹面抛物线系数 a_{ar}' 和 a_{br}'

将 r_2' 处的叶片边界条件 r_{2a}'、r_{2b}'、φ_{ao}、φ_{bo}、y_o、t_a、t_b 代入式（3-2），则可得 r_2' 截圆柱面上的抛物线系数

$$a_{ar}' = \frac{\pi r_{2a}'\varphi_{ao}}{180° y_o^{t_a}} \tag{3-33}$$

$$a_{br}' = \frac{\pi r_{2b}'\varphi_{bo}}{180° y_o^{t_b}} \tag{3-34}$$

当截圆柱半径为 $r_2 = 75$ mm 时，由式（3-33）和（3-34）可分别计算抛物线指数 α_{ar}、α_{br}。由此可得在导风轮叶片凸、凹面在截圆柱半径为 r_2 和 r_2' 处的抛物线方程，抛物线叶形设计的相关参数见表 3-2。

表 3-2　抛物线叶形设计相关参数

参数	参数值	数据来源
叶顶半值宽度 m_1/mm	0.5	设计确定
叶底半值宽度 n_1/mm	1	设计确定
叶片入口处半径 r_2'/mm	20	设计确定
叶片入口处半径 r_2/mm	75	设计确定

参数	参数值	数据来源
叶片重叠角 $\gamma/°$	20°	设计确定
叶底凸凹面夹角 $\alpha_g/°$	15°	设计确定
叶顶凸凹面夹角 $\alpha_d/°$	10°	设计确定
r_2' 处叶底凸、凹面至叶轮中心的夹角 $\theta_g/°$	3.3°	式（3-22）
r_2' 处叶顶凸、凹面至叶轮中心的夹角 $\theta_d/°$	1.6°	式（3-23）
最佳叶片数 z_c	15	式（3-24）
叶片中心抛物面包角 $\varphi_o/°$	44°	式（3-25）
凸抛物面叶底线与叶顶线的夹角 $\varphi_{ao}/°$	46.5°	式（3-26）
凹抛物面叶底线与叶顶线的夹角 $\varphi_{bo}/°$	41.5°	式（3-27）
叶片轴向宽度 y_o	41	$y_o/D_2 = 0.26\sim0.34$
叶片在 r_2' 处的弯曲角 $\beta_2'/°$	14.4°	式（3-32）
凸面抛物线指数 t_a	4.57	式（3-28）
凹面抛物线指数 t_b	5.88	式（3-29）
r_2' 处凸面抛物线系数 α_{ar}'	0.4×10^{-6}	式（3-33）
r_2' 处凹面抛物线系数 α_{br}'	2.4×10^{-9}	式（3-24）
r_2 处凸面抛物线系数 α_{ar}	1.5×10^{-6}	式（3-33）
r_2 处凹面抛物线系数 α_{br}	9.0×10^{-9}	式（3-34）

　　根据计算得到的导风轮叶片的四条抛物线曲线，通过三维造型软件的曲线拟合功能绘制叶片三维模型，如图 3-6 所示。采用相同的方式绘制分流叶片，分流叶片与主叶片在轴向的长度比为 0.529。

　　弧形叶盘是导风轮的主体结构之一，用于承载叶片并通过装配结构与机床锥柄和砂轮连接。叶盘的弧面母线为圆弧形，弧面在叶尖处与叶盘上底面相切，在叶顶处与轮毂相交，保证气流流动从轴向到径向的顺滑过渡，减少气流流程损失。导风轮设有 15 个主叶片，同时增设同等数量的分流叶片（图 3-6），缓解叶片进口拥堵，降低分离损失，提高气流运动效率[128]。分流叶片与主叶片在轴向的长度比为 0.529。

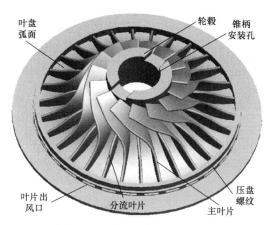

图 3-6　风冷式砂轮导风轮模型

3.2.3　风冷式砂轮基体结构设计

前期应用直径分别为 180 mm 和 330 mm 的单层 cBN 砂轮磨削窄深槽[4,129,130]，研究发现小直径砂轮的线速度较低，难以发挥高速磨削加工优势；而无限制增大砂轮直径，必然导致砂轮刚度降低，砂轮受机床振动的影响程度增大，引起窄深槽的廓形精度降低。因此，选定风冷式砂轮基体直径为 250 mm，基体材料为 45 号钢，基体厚度为 4 mm。为方便基体内部空气流道加工，将风冷式砂轮基体分为主基体和基体上盖两部分，主基体上加工出空气流道，基体上盖与主基体组合形成上下封闭的流道空间。由于砂轮基体较薄，如果将其分为厚度相等的两部分[131]，主基体和上盖均为 2 mm，则会降低砂轮刚度；磨削时，轮缘接缝处容易发生变形翘曲，基体强度较低。因此，设计基体上盖直径为 230 mm，厚度为 1.25 mm，主基体加工深度为 1.5 mm 的气流道，轮缘位置加工直径 1.5 mm 的通孔至流道末端，形成贯通砂轮基体的组合流道结构。主基体和基体上盖用均匀分布的螺钉连接紧固。这种设计保证了轮缘的完整，砂轮结构的刚度和强度较高，如图 3-7 所示。

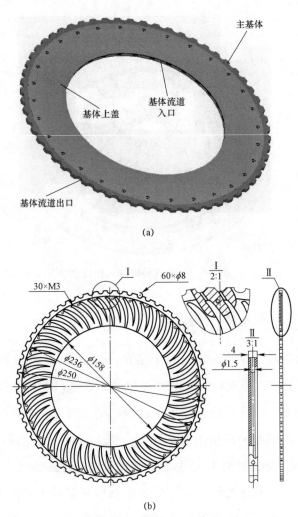

图 3-7 风冷式砂轮基体结构

（a）基体装配图；（b）主基体结构图

在砂轮基体外缘的出风口处加工圆弧形沟槽，在流道出风口与磨削表面之间形成圆弧形空间，防止因出风口与磨削表面紧密贴合引起的磨屑堵塞问题；同时，空气在圆弧空间内形成循环涡流，提高对流换热效率[132]。根据断续磨削理论，砂轮的断续磨削比 $0.5 \leqslant \eta_d \leqslant 0.7$，既能保证有效的冷却效率，又能保证砂轮的强度[133]。风冷式砂轮的最小设计磨削深度为 8 mm，砂轮全切深磨削时的几何接触弧长度约为 45 mm，为保证冷却效率，接触弧范围内

的出风口数量不少于 3 个，因此出风口处的圆弧槽直径为 8 mm，出风口数量为 60 个，此时砂轮的断续磨削比为

$$\eta_d = \frac{\pi d_s - N_c b_c}{\pi d_s} \approx 0.54 \qquad （3-35）$$

式中，d_g——风冷砂轮直径；b_c——砂轮出风口宽度；N_c——砂轮出风口数量。

　　风冷式砂轮基体内部有空气流道，经导风轮压缩的空气从基体流道被输送到磨削区，实现风冷式砂轮的强化冷却。气流道位于砂轮主基体上，通过铣削及磨削加工完成。根据文丘里效应，受限流动流体通过缩小的过流断面时，流体流速增大，流体的流速与过流断面成反比[134]，设计了从流道入口到出口截面逐渐缩小的直形流道和弧形流道，如图 3-8 所示。直形流道相对容易加工，但是气流对壁面的冲击强烈，产生较大的能量、压力及流速损失；弧形流道采用无冲击弧形结构[135]，导风轮供给气流流向在流道入口与流道弧面相切，气流流动损失减小，供给效率高。应用 FLUENT 软件模拟了在相同边界条件下两种流道的气流场，结果表明，弧形流道的出口流速比直形流道提高 11.3%。因此，风冷式砂轮基体采用减缩弧形流道结构。

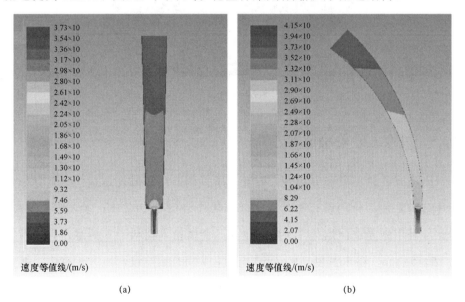

(a)　　　　　　　　　　　　　　　(b)

图 3-8　砂轮基体气流道结构

（a）直形流道；（b）弧形流道

3.2.4　风冷式砂轮风量调节装置设计

风量调节环用以控制风冷式砂轮进风量，定义风量调节环与涡轮叶片的顶部高度差为导风轮开口度。风量调节环的开口度范围是 0～35 mm，通过更换不同高度的风量调节环来调节导风轮开口度，实现砂轮出风口喷射气流的压力和流速的有效调控。风量调节环形面与导风轮叶顶有相同的空间结构，提高风冷式砂轮各流道空间的独立性和密闭性，增大压缩气流进入磨削区的效率，风量调节环结构示意图如图 3-9 所示。

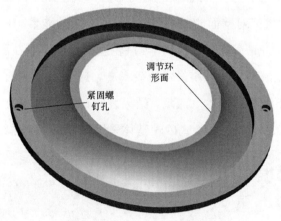

图 3-9　风量调节环

3.2.5　风冷式砂轮制造工艺

风冷式砂轮主要由导风轮、砂轮、风量调节环和砂轮压盘组成，导风轮叶片结构复杂，分别设有主叶片和分流叶片结构，传统加工方法难度较大。因此，采用激光选区熔化 3D 打印技术，金属粉末材料为不锈钢，粉末粒径为 15～53 μm，粉末密度 7.9 g/cm³，打印成型的工件致密度大于 99%，抗拉强度可达 850 MPa，屈服强度可达 530 MPa。导风轮的加工设备为工业级 iSLM280（280 mm×280 mm×350 mm）金属打印机，3D 打印完成的导风轮如图 3-10 所示。精加工导风轮打印毛坯件的锥柄安装孔、固定台阶面、夹盘上下表面及压盘外螺纹，喷砂处理导风轮叶片结构，提高导风轮精度。风冷式砂轮基体厚度较薄，设计成上下基体两部分，便于基体内流道加工。采用车削成型，铣削、磨削加工气流道，钻削加工出风口，精磨砂轮端面。风量调节环初步采用 SLA 光敏树脂选区 3D 打印制造，风冷式砂轮完成装配如图 3-11 所示。

图 3-10 导风轮

图 3-11 风冷式单层 cBN 砂轮

风冷式砂轮不可避免地存在材料内部缺陷、加工制造误差、装配误差等，因此砂轮的质心与回转中心存在一定偏心距，导致砂轮转动不平衡，引起机床主轴较大振动，动平衡在线检测是提高零件动平衡性能的重要方法。

砂轮的不平衡量计算公式为

$$U_f = e_g M_f = 0.5 d_s m_g \qquad (3\text{-}36)$$

式中，U_f——砂轮的不平衡量；e_g——砂轮质心与旋转中心的偏心距；M_f——砂轮质量；d_s——砂轮直径；m_g——砂轮不平衡质量。

动平衡精度等级 G 计算公式为：

$$G = e_g \omega = \frac{0.5 d_s m_g \omega}{M_g} \qquad (3\text{-}37)$$

风冷式砂轮基体和导风轮加工完成后，委托制造厂商进行动平衡检测并在线消除不平衡量，最终测得风冷式砂轮基体和导风轮的不平衡质量为 7.77 mg 和 19.87 mg。风冷式砂轮高速转动过程中，砂轮的动平衡精度等级至少应该达到 G1.0 水平[136]，根据公式（3-37）计算得到风冷式砂轮基体和导风轮的动平衡精度等级分别为 G0.6 和 G0.8，满足磨削加工需求。

3.3 风冷式砂轮气流场分布实验研究

风冷式砂轮的气流场检测实验装置如图 3-12（a）所示，实验用机床为 MV-40 立式加工中心，砂轮空载转动形成气流场的流速和单位压力应用 KANOMAX 6501 热球风速仪测量。建立如图 3-12（b）所示的坐标系，流速探头和压力软管固定在机床工作台上，可以实现测量位置的精确定位，应用热球风速仪配套的 ANEMOMASTER 软件实时记录流速和单位压力数据，如图 3-12（b）所示，在数据稳定阶段取平均值作为最终测量结果。风冷式砂轮的气流场检测实验参数见表 3-3。

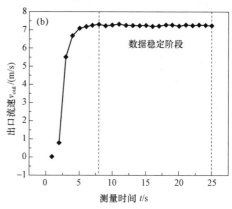

图 3-12　气流场实验

（a）实验平台；（b）气流场实时检测数据

表 3-3　风冷式砂轮气流场实验参数

实验参数	参数值
径向测点距离 l_r/mm	3，6，9，12
轴向测点距离 l_z/mm	$-20\sim20$
导轮风开口度 k_d/mm	$0\sim35$
砂轮线速度 v_s/（m/s）	$10.5\sim84$

3.3.1　气流在风冷式砂轮流道内的流动特性

风冷式砂轮出风口的径向出射气流是窄深槽磨削区强化冷却的关键，高效输出径向出射气流是风冷式砂轮设计的基本要求。烟线流动显像法是气流场流动特性显像化实验研究的常用方法[137]，因此进行风冷式砂轮气流场的烟线流动显像实验，研究砂轮空气流道的通畅性。装有烟饼的托盘靠近砂轮入风口，点燃烟饼后启动机床主轴，砂轮开始转动，应用千眼狼 X213 型高速摄像机捕捉烟雾在流场中的运动轨迹，观察白色烟雾在入风口的流入和出风口的流出情况，如图 3-13 所示。

在砂轮开始转动之前，白色烟雾呈自然向上流动姿态，砂轮周围没有流动的气流存在，如图 3-13（a）所示。图 3-13（b）为砂轮启动过程中的烟雾流动图像，烟雾改变自然向上的流动形态，大部分烟雾偏转并流向风冷式砂轮入风口，仅有少量烟雾向外溢散，这证明风冷式砂轮开始转动后，导风轮叶片拨动周围空气并将其压入砂轮的空气流道。此时，风冷式砂轮的出风口无明显烟雾流出，原因是砂轮在启动阶段导入烟雾体积较少。图 3-13（c）为砂轮达到设定转速时烟雾在气流场中的流动形态，在砂轮的入风口处，烟雾持续而稳定地被吸入空气流道；在砂轮的出风口处，可以观察到明显的径向出射烟雾。在砂轮稳定转动时，导入砂轮空气流道的烟雾量增多，大量烟雾从出风口射出，形成了明显的烟雾带。因此，通过追踪风冷式砂轮出风口的径向出射烟雾，充分证明了风冷式砂轮气流场的流体从入风口流入空气流道最后从出风口流出，风冷式砂轮的结构能够实现向窄深槽的半封闭磨削区输送冷却空气的设计构想。

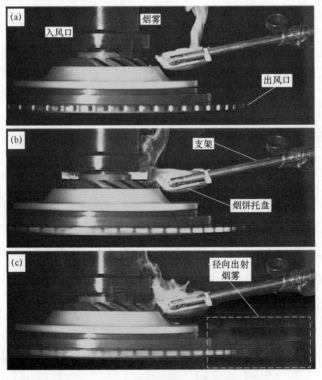

图 3-13　风冷式砂轮转动过程烟雾流动

3.3.2　风冷式砂轮轴向气流场分布特性

上一节通过烟线流动显像实验验证了风冷式砂轮满足经空气流道向窄深槽磨削区输送冷却空气的设计要求。为进一步研究风冷式砂轮径向出射气流特性，进行了轴向气流场检测实验，并与无风冷砂轮气流场进行对比，分析风冷式砂轮的强化冷却性能。

应用热球风速仪测量风量调节环开口度为 15 mm、径向测点距离为 3 mm、砂轮线速度为 42 m/s 时，风冷式砂轮的轴向气流场的单位压力和流速分布如图 3-14 所示。砂轮气流场的单位压力和流速以砂轮厚度对称面近似对称分布，单位压力和流速最大值均位于砂轮厚度对称面附近，测得气流场的单位压力最大值为 178 Pa，流速最大值为 18.2 m/s。风冷式砂轮的气流场流速和单位压力沿砂轮厚度对称面向两侧先逐渐降低后趋于恒定值。同时，应用石蜡封堵导风轮入风口，形成与风冷式砂轮外形一致的无径向出射气流的普通砂轮，测量相同参数下气流场的单位压力和流速，普通砂轮气流场的单位压力和流速如图 3-14 所示。普通砂轮具有与风冷砂轮类似的轴向对称分布气流场，但是单位压力和流速均低于风冷式砂轮，单位压力和流速最大值分别为 124 Pa 和 13.46 m/s。因此，风冷式砂轮的出风口气流场的单位压力和流速明显增大。

空气具有一定黏性，砂轮旋转将带动周围空气，引起空气的受扰运动[138]，形成沿砂轮厚度对称面近似对称分布的气流场（图 3-14）。风冷式砂轮的导风轮主叶片将环境空气压入气流道，并从出风口沿砂轮径向射出。因此，风冷式砂轮出风口的空气流速是空气扰动速度和空气出射速度的合速度，径向出射气流增大了风冷式砂轮出风口的空气流速。通过气流场流速对比，在砂轮出风口处，风冷式砂轮在相同情况下比普通砂轮气流场的最大流速增大约 35.2%，风冷结构设计能较为高效地将环境空气压入砂轮内部气流道，实现对窄深槽磨削区的空气强化冷却。随着轴向测点距离（绝对值）增大，砂轮对空气的扰动作用逐渐减小，气流场的单位压力和流速逐渐减小。风冷式砂轮出风口气流沿径向喷射，径向出射气流对砂轮轴向气流分布影响较小，因此风冷式砂轮和普通砂轮在轴向的气流场的单位压力和流速的衰减速度较为接近。

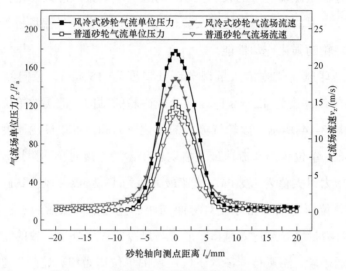

图 3-14 风冷式砂轮和普通砂轮轴向气流场分布

3.3.3 风冷式砂轮导风轮开口度优化

风冷式砂轮的导风轮开口度表征了导风轮叶片的露出程度，随着导风轮开口度值的增大，导风轮叶片的露出尺寸越大。导风轮在不同的开口度下，叶片压入空气效率也必然有差异。风冷式砂轮的空气导入效率越高，窄深槽磨削区的强化冷却效果越好，磨削区温度越低。因此，通过安装不同高度的风量调节环，实现导风轮开口度的梯度变化，以风冷式砂轮出风口气流速度为评价指标，研究导风轮开口度对空气导入效率影响。

图 3-15 为砂轮线速度为 42 m/s，径向测点距离为 3 mm 处，不同导风轮开口度的风冷式砂轮出风口气流流速。随着导风轮开口度的增大，风冷式砂轮出风口气流流速先增大后逐渐减小；导风轮开口度 $k_d = 22.5$ mm 时，风冷式砂轮出风口流速达到最大值，出风口的最高流速为 21.6 m/s。随着开口度

增大，砂轮导风轮叶片露出部分增多，相同转速下导风轮引入气流增多，出风口气流场的流速增大。因此，确定风冷式砂轮导风轮最优开口度值为22.5 mm。

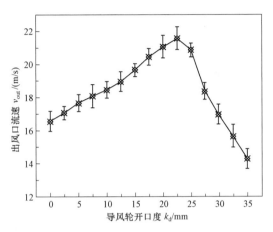

图 3-15 导风轮开口度对出风口流速影响

3.3.4 风冷式砂轮入风口和出风口气流场特性

风冷式砂轮磨削窄深槽过程中，砂轮出风口空气流速越大，单位时间流经磨削区的冷却空气体积越多，强化冷却效果越好。在最优导风轮开口度 $k_d = 22.5$ mm 时，不同径向测点距离和砂轮线速度下风冷式砂轮出风口和入风口气流场的流速和单位压力分布如图 3-16 所示。

在风冷式砂轮的出风口，位于不同径向测点距离处，气流场的气流流速 [图 3-16（a）] 和单位压力 [图 3-16（b）] 均呈现随着砂轮线速度的增大而增大的趋势；而且随着径向测点逐渐远离砂轮，气流场的流速和单位压力随之逐渐减小。砂轮线速度越大，单位时间内导风轮引入气流体积越大，风冷式砂轮出风口的径向出射气流速度增大，出风口气流场的流速增大。随着测点距离远离砂轮出风口，径向出射气流流速由于环境空气阻力而逐渐减小，同时砂轮扰动作用减弱，导致风冷式砂轮气流场的流速和单位压力逐渐减小。

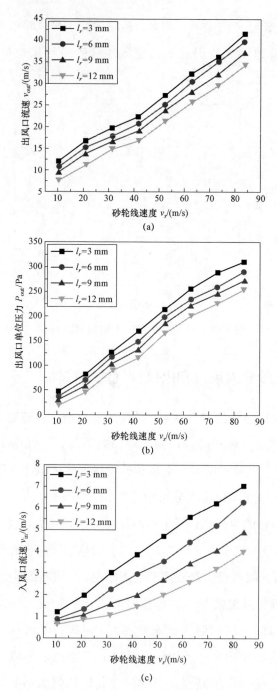

图 3-16　风冷式砂轮的气流场特性

（a）出风口气流流速；（b）出风口气流单位压力；（c）入风口气流流速

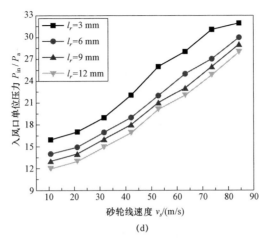

图 3-16　风冷式砂轮的气流场特性（续）
（d）入风口气流单位压力

　　在风冷式砂轮入风口，位于不同径向测点距离处，随着砂轮线速度的增大，气流场的流速逐渐增大，气流场的单位压力也略有增大，如图 3-16（c）（d）所示。在砂轮入风口气流场的单位压力和流速均维持在较低水平。这是因为在砂轮入风口处，气流以扰动运动为主，而砂轮的气流附面层极薄，其影响范围很小，砂轮转动对入风口处气流场影响较小，因此入口处外部气流场的单位压力和流速均较低。

　　比较风冷式砂轮出风口和入风口的气流流速，较低流速的环境空气流入导风轮气流道后，导风轮叶片随机床主轴转动，将机床机械能转化为流道内空气的动能和内能，引起流道内气流流速和单位压力增大，并以较高速度经流道从出风口射出。这说明风冷式砂轮结构设计较为合理，能高效地将环境空气输送到窄深槽磨削区。

3.3.5　风冷式砂轮磨削区冷却气流流速预测模型

　　在窄深槽磨削区域，风冷式砂轮出风口喷射气流冲击磨削表面，对流换热引起喷射气流的温度升高，高温空气流出磨削区域带走大量磨削热，实现窄深槽磨削区的有效冷却。根据传热学基本原理，影响对流换热的因素有对流换热温度差、流体物理性质、流体流速等[139]。风冷式砂轮的冷却空气温度、定压比热、密度、导热系数、黏度、容积膨胀系数恒定等物理性质恒定。因此，空气流速成为影响磨削区风冷效果的主要参数。磨削过程中，轮缘与磨削表面紧密贴合在一起，轮缘处的气流场流速反映风冷式砂轮对流换热冷却的流体流速，即径向测点距离为 0 mm 时的空气流速，称为风冷式砂轮磨削区冷却气流流速。由于砂轮高速旋转，无法用热式风速仪直接测量磨削区冷却气流流速。因此，测量了风冷式砂轮出风口气流场流速沿着径向的分布规律，预测不同工艺条件下的风冷式砂轮磨削区冷却气流流速。最优导风轮开口度时，不同砂轮线速度和径向测点距离对风冷式砂轮出风口气流场流速影响规律曲线如图 3-17 所示。随着风冷式砂轮径向测点距离增大，砂轮出风口气流场流速近似线性降低。通过曲线拟合方法得到不同砂轮线速度下砂轮出风口流速随径向测点距离变化的拟合直线（图 3-17），拟合直线的截距参数见表 3-4。

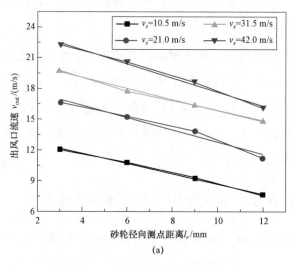

图 3-17　风冷式砂轮出风口气流流速
（a）出风口气流流速（v_s = 10.5～42.0 m/s）

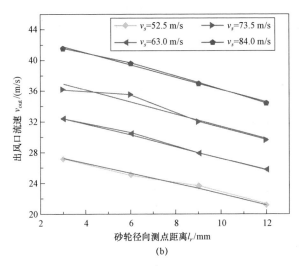

图 3-17　风冷式砂轮出风口气流流速（续）

（b）出风口气流流速（$v_s = 52.5 \sim 84.0$ m/s）

表 3-4　风冷式砂轮出风口流速预测模型参数

序号	砂轮线速度 v_s/（m/s）	拟合直线斜率 a	拟合直线截距 b
1	10.5	− 0.5	13.7
2	21	− 0.587	18.7
3	31.5	− 0.537	21.25
4	42	− 0.687	24.55
5	52.5	− 0.647	29.2
6	63	− 0.747	34.8
7	73.5	− 0.767	39.15
8	84	− 0.793	44.2

　　拟合直线反映了不同测点距离处风冷式砂轮出风口的气流流速沿径向满足线性变化规律。因此，通过拟合直线可估计测点距离 0 mm 处的风冷式砂轮磨削区冷却气流流速，即拟合直线的截距。不同砂轮线速度下风冷式砂轮磨削区冷却气流流速如图 3-18 所示。随着砂轮线速度的增大，磨削区冷却气流流速逐渐增大。基于风冷式砂轮磨削区冷却气流流速预测曲线，可以获得砂轮线速度在 10.5～84 m/s 范围内，风冷式砂轮磨削窄深槽过程中冷却气流流速；结合磨削弧区内出风口数量及出风口截面积，可计

算流经磨削区冷却气流体积，为窄深槽风冷式磨削冷却性能研究提供技术及理论支撑。

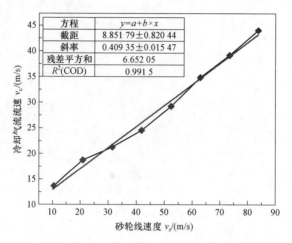

方程	$y=a+b\times x$
截距	$8.851\,79\pm0.820\,44$
斜率	$0.409\,35\pm0.015\,47$
残差平方和	$6.652\,05$
R^2(COD)	$0.991\,5$

图 3-18　砂轮线速度对冷却气流流速的影响

3.4　本章小结

本章针对窄深槽缓进给磨削冷却困难问题，研究了风冷式砂轮强化冷却理论，设计了一种风冷式砂轮，完成了导风轮叶片和砂轮基体结构设计；通过气流场检测实验，研究了风冷式砂轮的气流道通畅性、砂轮轴向气流场分布、砂轮出入风口气流特性及冷却气流流速预测，本章的主要研究结论如下：

①窄深槽磨削加工冷却困难的原因主要是半封闭的磨削区，磨削液难以进入磨削区，薄膜沸腾效应引起局部烧伤；窄深槽磨削用风冷式砂轮设计满足冷却介质直达半封闭磨削区，空气冷却克服薄膜沸腾效应影响，而且减少磨削液使用，减少环境污染，提高窄深槽的绿色制造程度。

②基于离心式导风轮工作原理，设计了抛物线形导风轮叶片结构和砂轮基体无冲击气流道结构，通过风量调节环设计，构建了压缩气流的半开式气流道体系，实现了环境空气经过压缩直达窄深槽磨削区的目的；风冷式砂

轮的烟线流动显像实验证明了结构设计的合理性。

③ 风冷式砂轮的轴向气流场沿砂轮厚度方向对称面对称分布，砂轮出风口的气流流速和单位压力明显高于两侧区域，风冷式砂轮的径向出射气流是这一现象的主要原因。风冷式砂轮出风口气流流速最大值比普通砂轮提高约 35.2%，能较高效地将环境空气输送到磨削区。

④ 风冷式砂轮入风口的气流流动较缓，环境空气进入砂轮内部流道后被加速加压，最终从出风口射出；随着砂轮线速度增大，风冷式砂轮出风口处的气流流速和单位压力逐渐增大，而入风口处气流单位压力几乎不变，气流流速略有增大。风冷式砂轮磨削区冷却气流流速预测模型能够估计一定工艺参数范围内的窄深槽磨削区冷却气流流速。

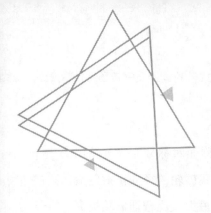

第 4 章　风冷式砂轮磨削窄深槽材料去除机理及磨削力模型

本章针对窄深槽磨削表面的形貌梯度过渡分布问题开展研究，分析窄深槽不同磨削区的材料去除特性，建立砂轮与工件接触弧长和槽侧面接触面积理论模型，研究窄深槽缓进给磨削过程的材料去除率变化规律；建立基于磨削分区的窄深槽磨削力模型，通过数值计算和磨削力实验检验模型的预测精度。

4.1　窄深槽磨削材料去除特性

在窄深槽的缓进给磨削过程中，砂轮在一个磨削行程内去除全部的槽内材料，如图 4-1（a）所示。前期研究发现窄深槽磨削表面存在明显形貌分区现象，根据形貌分界线位置将砂轮的磨削刃划分为顶刃区、过渡刃区和侧刃区[129,140]，如图 4-1（b）所示。因此，窄深槽底面由砂轮顶刃区磨粒加工形成，也称为顶刃磨削区；窄深槽的过渡圆角面由砂轮的过渡刃区磨粒加工形成，称为过渡刃磨削区；窄深槽侧面由砂轮侧刃区磨粒最终加工形成，称为侧刃磨削区。对于砂轮任意过轴线的截面上的一列磨粒，在回转一周的过程中去除材料几何模型如图 4-1（c）所示，窄深槽工件材料主要由砂轮的顶刃区和过渡刃区磨粒去除。在截面位置弧长与接触弧长比值 l/l_a 分别为 0.25、0.5 和 0.75 处，窄深槽材料去除几何模型的截面分别如图 4-1（d）～（f）所示，其中截面与模型内凹表面过渡区交线实际为椭圆形，可将交线简化为与过渡圆角等半径的圆弧形。由于砂轮转动一周期间工件的进给量很小，因此简化过程对模型切削深度计算结果的影响忽略不计。窄深槽材料去除几何模型不同位置的截面形状类似，顶刃区磨粒的切削深度基本一致，切削深度最大；过渡刃区磨粒的切削深度沿着从顶刃区到侧刃区的方向逐渐减小；侧刃区磨粒滑擦槽侧面，切削深度近似等于零。

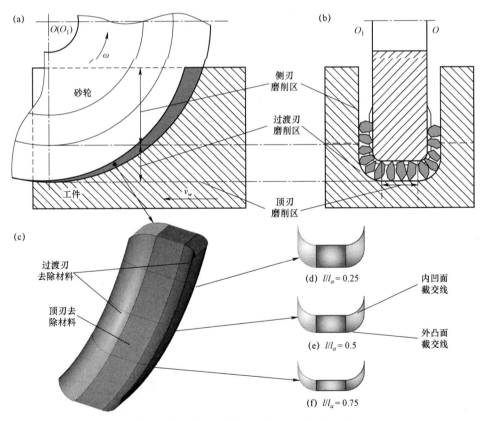

图 4-1　缓进给磨削窄深槽的材料去除模型

根据风冷式砂轮的截面结构形状，磨削时顶刃区磨粒最先开始切削工件材料；随着工件进给，砂轮的过渡刃区磨粒参与工件材料去除，砂轮的磨削宽度也逐渐增大，当过渡刃区的全部磨粒都切入工件时，砂轮的磨削宽度达到窄深槽宽度；最后，砂轮侧刃区磨粒滑擦窄深槽侧面，主要去除过渡刃区磨粒磨削过后表面沟痕的较高凸起。因此，顶刃区磨粒的切削深度最大，磨削后表面沟痕深度最大，形成最为粗糙的表面形貌，类似于粗磨加工；过渡刃区磨粒的切削深度逐渐减小，越靠近侧刃区的磨粒切削深度越小，形成过渡形貌，过渡刃区磨粒的加工效果相当于半精磨加工；侧刃区磨粒持续滑擦过渡刃区磨粒加工形成的槽侧面，磨粒在微小切削深度下的滑擦过程可以看作精磨加工。在窄深槽的侧刃磨削区，工件材料需要先后经过砂轮顶刃区、过渡刃区和侧刃区磨粒的磨削加工，即经历了"粗磨—半精磨—精磨"加工；在窄深槽的过渡刃磨削区，只有砂轮的顶刃区和过渡刃区磨粒参与磨削，经历了"粗磨—半精磨"加工；窄深槽的顶刃磨削区，只经历了顶刃区磨粒的"粗磨"加工。因此，窄深槽磨削面的加工方式和磨粒切削深度差异是形成表面形貌分区现象根本原因。

4.2　窄深槽截面上最大未变形切屑厚度分布

4.2.1　窄深槽各磨削区最大未变形切屑厚度

砂轮磨粒的最大未变形切屑厚度 $a_{g\max}$ 是研究磨削理论的重要参数，能够通过直接影响磨削力和磨削温度而反映砂轮磨削状态，诸如砂轮使用寿命、磨削表面完整性和磨削热损伤等[141–143]。窄深槽不同磨削区磨粒的切屑截面展开后如图 4-2 所示，砂轮顶刃区磨粒的磨削深度相等，因此顶刃区各磨粒的最大未变形切屑厚度值均相等。在砂轮的过渡刃区，磨粒磨削深度逐渐减小，对应磨粒的最大未变形切屑厚度也相应减小。砂轮侧刃区磨粒仅滑擦槽侧面，磨粒切削深度近似为零，几乎没有切屑形成。

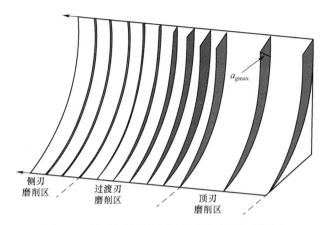

图 4-2　窄深槽不同磨削区最大未变形切屑厚度

窄深槽在最大未变形切屑厚度处的截面结构形状如图 4-3 所示，x_0x_1 段为窄深槽的顶刃磨削区，x_1x_2 段为窄深槽的过渡刃磨削区，x_2x_3 段为窄深槽的侧刃磨削区。

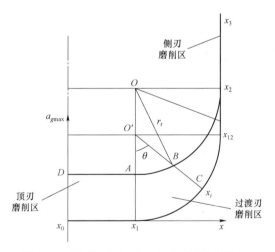

图 4-3　窄深槽不同磨削刃区的磨粒切削深度

（1）顶刃磨削区最大未变形切屑厚度 $a_{gp\text{max}}$

在顶刃磨削区（$x_0 < x < x_1$），砂轮去除工件材料的方式与平面磨削类似，砂轮磨粒的切削深度一致，则磨粒的最大未变形切屑厚度公式为[144,145]

$$a_{gp\max}(x) = a_{g_0} = 2\overline{\lambda}_g \frac{v_w}{v_s} \sqrt{\frac{h_g}{d_s}} \qquad (4\text{-}1)$$

式中，v_w——工件进给速度；v_s——砂轮线速度；h_g——窄深槽深度；$\overline{\lambda}_g$——平均有效磨粒间距。

（2）过渡刃磨削区最大未变形切屑厚度 $a_{gr\max}$

在窄深槽的过渡刃磨削区（$x_1 < x < x_2$），磨粒的切削深度逐渐减小，外凸面交线由圆弧段 x_1x_{12} 和直线段 x_2x_{12} 组成，内凹面交线 ABx_{12} 为圆弧线。x_1 点为砂轮过渡刃区起点，x_2 点为过渡刃区的终点。如图 4-3 所示，外凸面交线上各点的法线段 BC 表示过渡刃区第 i 个磨粒切削深度。为方便表达，将过渡刃区的外凸面交线 $x_1x_{12}x_2$ 展开成一条直线。

圆弧线段（$x_1 < x < x_{12}$）上的任意一点 x_i 处，过渡刃区磨粒的最大未变形切屑厚度为

$$a_{gr\max}(x) = O'C - O'B \qquad (4\text{-}2)$$

$$\theta(x) = \frac{x - x_1}{r_t} \qquad (4\text{-}3)$$

式中，r_t——砂轮过渡圆角半径。

在三角形 $BO'O$ 中，由三角形余弦定理可得

$$r_t^2 = O'B^2 + O'O^2 - 2|O'B| \cdot |O'O|\cos(\pi - \theta) \qquad (4\text{-}4)$$

由式（4-3）和（4-4）得

$$O'B = \sqrt{a_{g_0}^2 \left(\cos^2 \frac{x - x_1}{r_t} - 1\right) + r_t^2} - a_{g_0}\cos\frac{x - x_1}{r_t} \qquad (4\text{-}5)$$

将式（4-5）代入式（4-2）得过渡刃区圆弧段磨粒的最大未变形切屑厚度为

$$a_{grc\max}(x) = a_{g_0}\cos\frac{x - x_1}{r_t} - \sqrt{a_{g_0}^2 \left(\cos^2 \frac{x - x_1}{r_t} - 1\right) + r_t^2} + r_t \qquad (4\text{-}6)$$

在缓进给磨削过程中，单颗磨粒的未变形切屑厚度 a_{g_0} 很小（通常小于 1 μm），因此 $a_{g_0}^2$ 趋近于零，式（4-6）可以简化为

$$a_{grc\max}(x) = a_{g_0} \cos\frac{x - x_1}{r_t} \qquad (4\text{-}7)$$

在直线段（$x_{12} < x < x_2$）上的任意一点 x_i 处，过渡刃区磨粒的最大未变形切屑厚度为

$$a_{grl\max}(x) = r_t - \sqrt{r_t^2 - (x_2 - x)^2} \qquad (4\text{-}8)$$

（3）侧刃磨削区磨粒的最大未变形切屑厚度 $a_{gs\max}$

在侧刃磨削区（$x_2 < x < x_3$），磨粒滑擦窄深槽侧面，砂轮的侧刃区磨粒主要去除过渡刃区磨粒磨削表面的粗糙沟痕隆起。这很好地解释了窄深槽侧面、过渡圆角面和槽底面的表面形貌差异较大的现象。侧刃磨削区磨粒的磨削深度近似为零，则有

$$a_{gs\max}(x) = 0 \qquad (4\text{-}9)$$

因此，窄深槽磨削砂轮的顶刃区、过渡刃区和侧刃区磨粒的磨削深度不同。为直观表达窄深槽截面不同位置磨粒磨削深度，将窄深槽截面轮廓上各点磨粒的最大未变形切屑厚度表示为原点距离 x 的分段函数，顶刃磨削区和侧刃磨削区磨粒的最大未变形切屑厚度在不同 x 处分别保持为常数 a_{g_0} 和 0；过渡刃区磨粒的最大未变形切屑厚度随 x 值的增大而逐渐减小。

4.2.2　不同磨削工艺参数的最大未变形切屑厚度

由公式（4-1）可知，砂轮顶刃区磨粒的最大未变形切屑厚度由工件进给速度 v_w、砂轮线速度 v_s、窄深槽深度 h_g、砂轮直径 d_s 以及砂轮平均有效磨粒间距 $\bar{\lambda}_g$ 共同决定。在给定砂轮情况下，砂轮直径 d_s 和平均有效磨粒间距 $\bar{\lambda}_g$ 为定值，顶刃区磨粒的最大未变形切屑厚度主要受到磨削工艺参数影响，窄深槽的磨削工艺参数见表 4-1。

表 4-1　窄深槽磨削工艺参数

磨削参数	参数值
砂轮类型	风冷式单层 cBN 砂轮
砂轮直径 d_s/mm	250

磨削参数	参数值
砂轮宽度 b_g/mm	4
磨粒材料	cBN
磨粒粒度	100/120 目
样件材料	Inconel 718
样件尺寸	30 mm × 20 mm × 15 mm
砂轮线速度 v_s/（m/s）	39.3，52.3，65.4，78.5
工件进给速度 v_w/（mm/min）	0.8，1.2，1.6，2.0
窄深槽深度 h_g/mm	8，12，16，20
磨削环境	风冷干磨削
磨削方式	逆磨

不同磨削刃区磨粒的最大未变形切屑厚度，根据表 4-1 中参数并结合公式（4-1）（4-7）（4-8）及（4-9）分别求得，依据计算结果研究磨削工艺参数对最大未变形切屑厚度的影响规律。图 4-4（a）～（c）分别为不同砂轮线速度、工件进给速度和窄深槽深度下，在窄深槽的顶刃磨削区、过渡刃磨削区和侧刃磨削区的磨粒最大未变形切屑厚度。从图 4-4 可知，在砂轮任意截面上，沿着从顶刃磨削区到侧刃磨削区的方向，过渡刃磨削区磨粒的最大未变形切屑厚度逐渐减小；在顶刃磨削区，磨粒的最大未变形切屑厚度值大致相等；在侧刃磨削区，砂轮磨粒的主要磨削形式是滑擦，认为磨粒最大未变形切屑厚度值等于零。因此，砂轮磨削刃区的几何形状对未变形切屑厚度、材料去除形式有直接影响，进而影响不同刃区磨粒的磨削力、材料去除率、磨削温度以及砂轮磨损等。在其他工艺参数不变条件下，随着砂轮线速度的逐渐增大，砂轮磨粒单位时间磨削加工循环次数增大，最大未变形切屑厚度逐渐减小［图 4-4（a）］；随着工件进给速度的增大，砂轮磨粒的材料去除率增大，磨粒的单次磨削加工去除材料厚度增大，最大未变形切屑厚度逐渐增大［图 4-4（b）］；随着窄深槽深度的增大，砂轮磨粒的材料去除率增大，最

大未变形切屑厚度逐渐增大 [图 4-4（c）]。

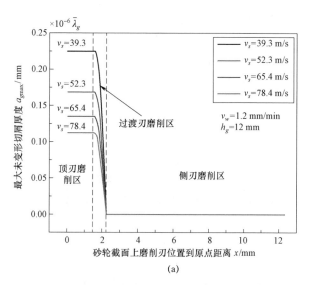

(a)

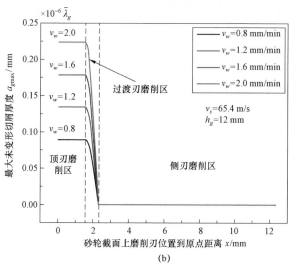

(b)

图 4-4 磨削工艺参数对最大未变形切屑厚度影响

（a）不同砂轮线速度的未变形切屑厚度；（b）不同工件进给速度的未变形切屑厚度

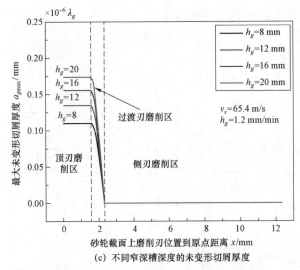

图 4-4 磨削工艺参数对最大未变形切屑厚度影响（续）
（c）不同窄深槽深度的未变形切屑厚度

4.3 窄深槽磨削区接触弧长和槽侧面接触面积

4.3.1 窄深槽缓进给磨削阶段划分

随着砂轮切入工件，砂轮与工件的接触弧长和接触面积等不断变化。众多学者根据接触弧长的变化规律将磨削过程分为切入磨削阶段、稳定磨削阶段和切出磨削阶段[6]。砂轮在稳定磨削阶段的接触弧长达到最大值并保持恒定，砂轮进入稳定磨削阶段的条件是工件沿着进给方向的长度超过临界工件长度。但是在缓进给磨削过程中，砂轮磨削深度较大，进入稳定磨削阶段的临界工件长度增大；当工件的进给方向尺寸小于临界工件长度时，砂轮磨削过程中没有稳定磨削阶段。在窄深槽缓进给磨削过程中，尺寸小于临界工件长度的工件的磨削过程如图 4-5 所示，根据工件与砂轮相对位置不同分为切入磨削第一阶段（Q_{in}-Ⅰ）、切入磨削第二阶段（Q_{in}-Ⅱ）、切出磨削第一阶段

（Q_{out}-Ⅰ）、切出磨削第二阶段（Q_{out}-Ⅱ）和切出磨削第三阶段（Q_{out}-Ⅲ），当砂轮的最低点开始切入工件，砂轮由切入磨削阶段转为切出磨削阶段。

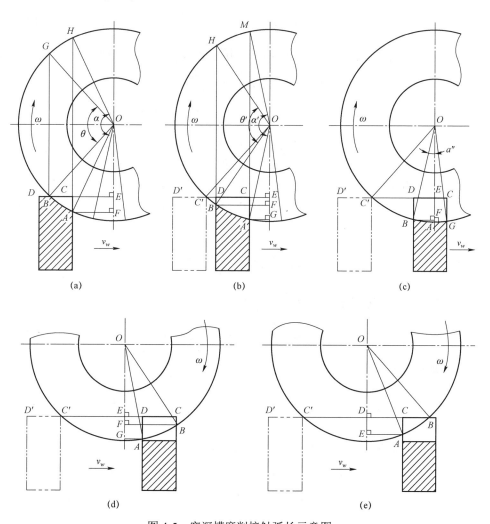

图 4-5　窄深槽磨削接触弧长示意图

（a）砂轮切入磨削第一阶段；（b）砂轮切入磨削第二阶段；（c）砂轮切出磨削第一阶段；
（d）砂轮切出磨削第二阶段；（e）砂轮切出磨削第三阶段

4.3.2　窄深槽磨削区接触弧长

工件磨削方向长度为 b_w，在砂轮磨削的 Q_{in}-Ⅰ段，随着砂轮逐渐切入工件，砂轮与工件接触弧长逐渐增大，行程范围为 $0 \leqslant t < b_w/v_w$，如图 4-5（a）所示。弧 AB 长度为砂轮与工件的接触弧长

$$BE = \sqrt{d_s h_g - h_g^2} \tag{4-10}$$

令 $L = \sqrt{d_s h_g - h_g^2}$，在 $\triangle BOG$ 中，由三角形余弦定理可得

$$BG^2 = OG^2 + OB^2 - 2OG \cdot OB\cos\theta \tag{4-11}$$

由式（4-11）得

$$\cos\theta = \frac{8L^2 - d_s^2}{d_s^2} \tag{4-12}$$

在 $\triangle AOH$ 中，由三角形余弦定理可得

$$AH^2 = OH^2 + OA^2 - 2OH \cdot OA\cos\alpha \tag{4-13}$$

由式（4-13）得

$$\cos\alpha = \frac{8(L - v_w t)^2 - d_s^2}{d_s^2} \tag{4-14}$$

则砂轮在 Q_{in}-Ⅰ段的弧长为

$$l_s(t) = \frac{\pi d_s}{720}(\arccos\alpha - \arccos\theta) \tag{4-15}$$

将式（4-12）、式（4-14）代入式（4-15）可得

$$l_s(t) = \frac{\pi d_s}{720}\left[\arccos\frac{8(L - v_w t)^2 - d_s^2}{d_s^2} - \arccos\frac{8L^2 - d_s^2}{d_s^2}\right] \tag{4-16}$$

在实际磨削过程中，由于砂轮的尺寸较大，当砂轮开始切出工件时，窄深槽深度并未达到最大值，此时窄深槽磨削处于 Q_{in}-Ⅱ段，行程范围为 $b_w/v_w \leqslant t < L/v_w$，如图 4-5（b）所示。由接触弧长几何关系可知，砂轮接触弧长将逐渐减小。采用与上文类似的计算方法，在 $\triangle BOH$ 中，由三角形余弦定理可得

$$BH^2 = OH^2 + OB^2 - 2OH \cdot OB\cos\theta' \tag{4-17}$$

解得

$$\cos\theta' = \frac{8[L - (v_w t - b_w)] - d_s^2}{d_s^2} \tag{4-18}$$

在 $\triangle AOM$ 中，由三角形余弦定理可得

$$AM^2 = OM^2 + OA^2 - 2OM \cdot OA\cos\alpha' \qquad (4\text{-}19)$$

由式（4-19）得

$$\cos\alpha' = \frac{8(L - v_w t)^2 - d_s^{\,2}}{d_s^{\,2}} \qquad (4\text{-}20)$$

则砂轮在 Q_{in}-Ⅱ 段的弧长为

$$l_s(t) = \frac{\pi d_s}{720}(\arccos\alpha' - \arccos\theta') \qquad (4\text{-}21)$$

将式（4-18）、式（4-20）代入式（4-21）可得，砂轮在切入磨削第二阶段的接触弧长公式为

$$l_s(t) = \frac{\pi d_s}{720}\left[\arccos\frac{8(L - v_w t)^2 - d_s^{\,2}}{d_s^{\,2}} - \arccos\frac{8(L - v_w t + b_w)^2 - d_s^{\,2}}{d_s^{\,2}}\right] \quad (4\text{-}22)$$

随着工件的不断进给，当窄深槽的磨削深度达到最大值时，砂轮进入 Q_{out}-Ⅰ 段，砂轮的接触弧长逐渐减小，磨削行程范围为 $L/v_w \leqslant t < (b_w + L)/v_w$，如图 4-5（c）所示。由几何关系可得

$$\sin\alpha'' = \frac{2(b_w - v_w t + L)}{d_s} \qquad (4\text{-}23)$$

砂轮在切出磨削阶段的接触弧长为

$$l_s(t) = \frac{\pi d_s}{360}\arcsin\frac{2(b_w - v_w t + L)}{d_s} \qquad (4\text{-}24)$$

当砂轮的最低点切出工件后，砂轮顶刃区和侧刃区与工件脱离接触，因此在切出磨削第二段和切出磨削第三阶段，砂轮与工件的接触弧长为零，如图 4-5（d）和图 4-5（e）所示。

将表 4-1 中的磨削工艺参数代入窄深槽各磨削阶段的接触弧长公式（4-16）、式（4-22）和式（4-24），并绘制不同工件进给速度和窄深槽深度的接触弧长随磨削时间变化曲线如图 4-6 所示。从图中可知，在窄深槽磨削的 Q_{in}-Ⅰ 段，随着砂轮不断切入工件，与窄深槽的接触弧长逐渐增大；窄深槽磨削进入 Q_{in}-Ⅱ 段后，窄深槽磨削接触弧长开始缓慢减小；在窄深

槽磨削的 Q_{out}-Ⅰ 段，接触弧长逐渐减小，而且其减小速率与 Q_{in}-Ⅰ 段接触弧长的增大速率相等。从图 4-6（a）可以发现，不同工件进给速度下窄深槽接触弧长的最大值相等，工件进给速度仅能影响接触弧长的变化速率。窄深槽深度对接触弧长的影响规律如图 4-6（b）所示，随着窄深槽深度的增大，窄深槽接触弧长的最大值和磨削时间都增大。随着接触弧长的增大，同一时刻参与磨削磨粒数量增多，在相同磨削工艺参数下，磨削力逐渐增大，

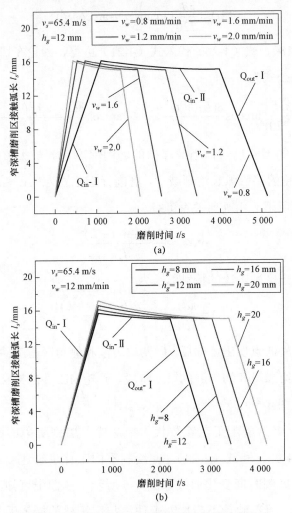

(a)

(b)

图 4-6　磨削工艺参数对窄深槽接触弧长的影响
（a）不同工件进给速度的接触弧长；（b）不同窄深槽深度的接触弧长

引起磨削温度升高；同时，磨粒在单周磨削过程中磨削行程增加，砂轮的磨损也随之加剧。

4.3.3　窄深槽侧面接触面积

在窄深槽的槽侧面，砂轮磨粒以滑擦的形式磨削工件表面。随着工件不断进给，砂轮与槽侧面接触面积不断增大，引起磨削力增大和磨削温度升高，槽侧面接触面积是建立窄深槽侧刃磨削区的磨削力模型和热源分布模型的关键参数。窄深槽磨削过程划分如图 4-5 所示，在砂轮切入磨削第一阶段，砂轮与槽侧面的接触面积为曲边三角形 ABC 的面积，等于 Rt$\triangle ABC$ 面积与弦 AB 对应的弓形面积之和。弓形面积随着接触弧长的增大而不断增大，由上一节的接触弧长分析结论可知，当砂轮磨削工件并到达 D 点所示位置 [图 4-5 （a）]，接触弧长达到最大值，此时弓形面积占槽侧面接触面积的比例低于 5%，因此在建立窄深槽侧面接触面积模型时忽略弓形面积。

在窄深槽磨削的 Q_{in}-Ⅰ段（$0 \leqslant t < b_w/v_w$），窄深槽侧面接触面积 A_s 等于 Rt$\triangle ABC$ 面积，由几何关系可得

$$A_s(t) = \frac{1}{4} v_w t \left[\sqrt{(d_s - 2h_g)^2 + 8Lv_w t - 4v_w^2 t^2} - (d_s - 2h_g) \right] \tag{4-25}$$

在窄深槽磨削的 Q_{in}-Ⅱ段（$b/v_w \leqslant t < L/v_w$），槽侧面接触面积 A_s 可以由梯形 $ABCD$ 的面积求得

$$A_s(t) = \frac{b_w}{4} \left[\sqrt{d_s^2 - 4(L + b_w - v_w t)^2} + \sqrt{d_s^2 - 4(L - v_w t)^2} - 2(d_s - 2h_g) \right] \tag{4-26}$$

在窄深槽磨削的 Q_{out}-Ⅰ段（$L/v_w \leqslant t < (b_w + L)/v_w$），槽侧面接触面积 A_s 为梯形 $AEDB$ 与梯形 $AECG$ 的面积之和：

$$\begin{aligned} A_s(t) &= \frac{1}{4}(b_w - v_w t + L) \left[\sqrt{d_s^2 - 4(b_w - v_w t + L)^2} - (d_s - 4h_g) \right] \\ &+ \frac{1}{4}(v_w t - L) \left[\sqrt{d_s^2 - 4(v_w t - L)^2} - (d_s - 4h_g) \right] \end{aligned} \tag{4-27}$$

在窄深槽磨削的 Q_{out}-Ⅱ段（$(b_w + L)/v_w \leqslant t < 2L/v_w$），槽侧面接触面积 A_s

为梯形 *ABCD* 的面积：

$$A_s(t) = \frac{b_w}{4}\left[\sqrt{d_s^2 - 4(v_w t - L)^2} + \sqrt{d_s^2 - 4(v_w t - b_w - L)^2} - (2d_s - 4h_g)\right]$$

（4-28）

在窄深槽磨削的 Q_{out}-Ⅲ 段（$2L/v_w \leqslant t < (2L + b_w)/v_w$），槽侧面接触面积 A_s 为 Rt△*ABC* 的面积：

$$A_s(t) = \frac{1}{4}(b_w - v_w t + 2L)\left[\sqrt{d_s^2 - 4(v_w t - b_w - L)^2} - (d_s - 2h_g)\right] \quad (4-29)$$

将表 4-1 中的磨削工艺参数代入窄深槽侧面接触面积公式（4-25）～式（4-29），研究不同磨削工艺参数下窄深槽侧面接触面积随磨削时间变化规律如图 4-7 所示。在窄深槽的切入磨削和切出磨削阶段，槽侧面接触面积呈对称分布，对称位置为工件对称面与砂轮纵向的对称面重合的时刻；在切入磨削阶段，窄深槽侧面接触面积逐渐增大；在切出磨削阶段，槽侧面接触面积先增大后减小，接触面积的最大值位于对称位置。窄深槽侧面接触面积主要受到窄深槽深度的影响，随着窄深槽深度的增大，槽侧面接触面积逐渐增大；在不同工件进给速度下，各磨削阶段的槽侧面接触面积均相等，进给速度的增大提高了窄深槽磨削效率，窄深槽磨削周期缩短。

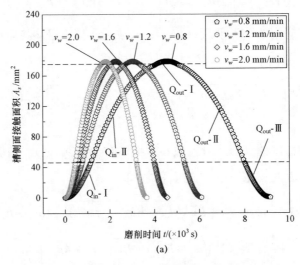

图 4-7　磨削工艺参数对窄深槽侧面接触面积的影响

（a）不同工件进给速度的槽侧面接触面积

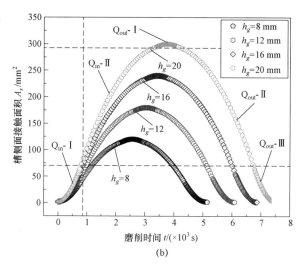

图 4-7　磨削工艺参数对窄深槽侧面接触面积的影响（续）

（b）不同窄深槽深度的槽侧面接触面积

4.4　窄深槽磨削材料去除率

磨削材料去除率是指单位时间内砂轮磨除工件材料体积。在平面磨削过程中，磨削材料去除率为[146]

$$R_g = b_g v_w a_p \qquad (4\text{-}30)$$

式中，R_g——磨削材料去除率；b_g——砂轮宽度；a_p——磨削深度。

在窄深槽磨削过程中，窄深槽深度远大于平面磨削砂轮磨削深度，砂轮与窄深槽工件的接触弧长度不能再简化为直线，因此将窄深槽磨削材料去除率修正为

$$R_g' = b_g v_w l_s \qquad (4\text{-}31)$$

式中，l_s——砂轮与窄深槽工件的接触弧长。

因此将砂轮接触弧长公式（4-16）、式（4-22）和式（4-24）分别代入公

式（4-31）可得到窄深槽磨削过程中的材料去除率公式。在窄深槽磨削 Q_{in}-Ⅰ段（$0 \leqslant t < b_w/v_w$），窄深槽磨削材料去除率为

$$R'_g(t) = \frac{\pi d_s b_g v_w}{720} \left[\arccos \frac{8(L-v_w t)^2 - d_s^2}{d_s^2} - \arccos \frac{8L^2 - d_s^2}{d_s^2} \right] \quad (4\text{-}32)$$

在窄深槽磨削 Q_{in}-Ⅱ段（$b/v_w \leqslant t < L/v_w$），窄深槽磨削材料去除率为

$$R'_g(t) = \frac{\pi d_s b_g v_w}{720} \left[\arccos \frac{8(L-v_w t)^2 - d_s^2}{d_s^2} - \arccos \frac{8(L-v_w t+b_w)^2 - d_s^2}{d_s^2} \right]$$
$$(4\text{-}33)$$

在窄深槽磨削 Q_{out}-Ⅰ阶段（$L/v_w \leqslant t < (b_w + L)/v_w$），窄深槽磨削材料去除率为

$$R'_g(t) = \frac{\pi d_s b_g v_w}{360} \arcsin \frac{2(b_w - v_w t + L)}{d_s} \quad (4\text{-}34)$$

在窄深槽磨削的 Q_{out}-Ⅱ和 Q_{out}-Ⅲ段，窄深槽顶刃磨削区和过渡刃磨削区与工件脱离接触，不再去除工件材料，材料去除率为零；在窄深槽侧刃磨削区，磨粒在工件表面滑擦，仅有极少量的材料被去除，可以忽略不计。因此，窄深槽磨削的 Q_{out}-Ⅱ和 Q_{out}-Ⅲ段的材料去除率为零。

将砂轮结构尺寸参数和表4-1中的磨削工艺参数代入窄深槽各磨削阶段材料去除率公式，并绘制不同工艺参数条件下材料去除率变化曲线如图 4-8 所示。在窄深槽磨削 Q_{in}-Ⅰ段，窄深槽磨削材料去除率逐渐增大，在 Q_{in}-Ⅱ段缓慢减小；在 Q_{out}-Ⅰ段，材料去除率逐渐减小，而且减小速率与切入磨削第一阶段的增大速率相等。工件进给速度对窄深槽磨削材料去除率的影响程度最大，随着工件进给速度的增大，窄深槽磨削材料去除率显著增大，最高材料去除率从 0.86 mm³/s 增大到 2.15 mm³/s，如图 4-8（a）所示。图 4-8（b）为材料去除率随着窄深槽磨削深度的变化曲线，随着窄深槽磨削深度的增大，材料去除率略有增大，最高磨削材料去除率从 1.25 mm³/s 增大到 1.37 mm³/s，增大窄深槽磨削深度对材料去除率的影响相对较小。

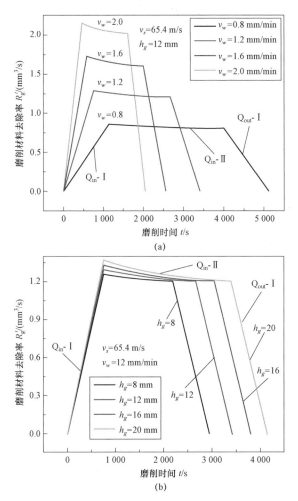

图 4-8　磨削工艺参数对窄深槽磨削材料去除率影响

（a）不同工件进给速度的材料去除率；（b）不同窄深槽深度的材料去除率

4.5　缓进给磨削单颗磨粒磨削力模型

4.5.1　单颗磨粒的几何模型

单颗磨粒切削是研究磨削机理的重要方法，由于磨粒形状和微刃分布具有随机性，单颗磨粒切削机理研究过程需进行磨粒形状简化，研究人员常用的简化形状有圆球[147]、棱锥体[148]、棱台[149]、圆锥体[150,151]、圆台[152]以及球顶圆锥体[153]等。磨粒简化时必须充分考虑磨粒磨刃的宽度和高度，磨粒的平均磨刃形状模型如图4-9所示。

指数 m 的值表示了磨刃的尖锐程度，磨粒可以简化为尖磨刃、钝磨刃和普通磨刃，其中棱锥体、圆锥体磨粒模型是尖磨刃简化的代表，棱台和圆台形磨粒属于钝磨刃简化，圆球、球顶圆锥体磨粒代表了普通磨刃简化方式。球顶圆锥体磨粒模型既能表示尖磨刃模型的锥形磨粒形状，又能兼顾普通磨刃的钝圆微刃，因此本研究选用球顶圆锥体磨粒简化模型（图4-9）。

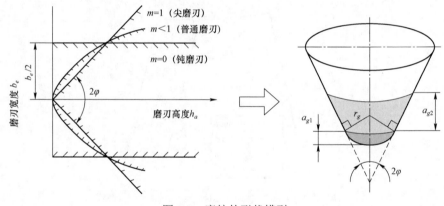

图4-9 磨粒的形状模型

球顶圆锥体磨粒模型的主要结构参数有半顶锥角 φ、顶球半径 r_g、磨粒高度 h_a、磨粒宽度 b_e。根据统计规律[154]，半顶锥角 φ 在 $40°\sim73°$ 之间变动，顶部圆球半径 r_g 的范围为 $3\sim28$ μm；磨粒模型高度 h_a 等于 cBN 磨粒的粒径，砂轮磨粒的目数为 100/120，则 h_a 的取值范围为 $120\sim150$ μm；磨粒宽度 b_e 可根据几何关系计算。

在磨削过程中，磨粒的实际切削深度等于未切屑变形厚度，与砂轮线速度、工件进给速度、磨削深度等工艺参数相关。当单颗磨粒的切削深度足够大时，磨粒的球部和圆锥部分都参与材料去除，磨粒的实际切削深度为 $a_g = a_{g1} + a_{g2}$，如图4-9所示。但是在缓进给磨削以及精密磨削加工中，砂轮磨粒的最大未变形切屑厚度极小（通常小于 1 μm），绝大多数磨粒只有球部参与切削作用[155]。因此，本研究认为球顶圆锥体磨粒仅球部参与磨削。

4.5.2　单颗磨粒的磨削力

在不考虑磨粒-工件之间摩擦力的情况下，磨粒去除工件材料时的受力分析如图 4-10 所示。

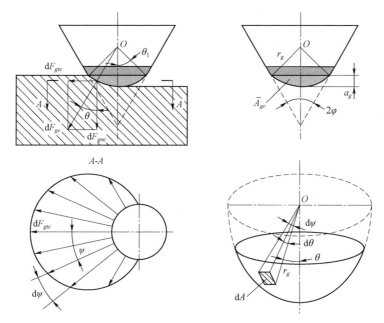

图 4-10　单颗磨粒的磨削力

单颗磨粒切入工件材料后，引起工件材料产生塑性变形，磨粒在进一步切入过程中受变形抗力；同时，磨粒与工件材料接触，磨粒运动时受到摩擦力作用。因此，砂轮磨削时磨粒受到的磨削力可以划分为切屑变形力和摩擦力[156]

$$\begin{cases} F_{gt} = F_{gtc} + F_{gts} \\ F_{gn} = F_{gnc} + F_{gns} \end{cases} \tag{4-35}$$

式中，F_{gt}——单颗磨粒的切向磨削力；F_{gtc}——由切屑变形引起的单颗磨粒的切向磨削力；F_{gts}——由摩擦引起的单颗磨粒的切向磨削力；F_{gn}——单颗磨粒的法向磨削力；F_{gnc}——由切屑变形引起的单颗磨粒法向磨削力；F_{gns}——由摩擦引起的单颗磨粒法向磨削力。

磨粒切削工件材料时，作用在磨粒接触表面局部单元上的磨削力 dF_{gc} 沿着磨粒表面的法向方向，将磨削力分解为水平方向分力 dF_{gtc} 和竖直方向分力 dF_{gnc}，磨削力的分布情况如剖视图 A-A 所示。由于球顶圆锥体磨粒的分力沿着磨粒运动方向对称分布，对称面两侧分力相互抵消。虽然实际的磨粒并不完全对称，导致小部分切向分力转化为沿砂轮轴向的磨削力，但是转化的砂轮轴向力很小，可以忽略不计。

（1）单颗磨粒的切屑变形磨削力

单位磨削力是指砂轮有效磨粒作用在磨粒-工件接触面单位面积上的主切削力，方向沿着磨粒的切削运动切向方向，是磨削力理论推导的重要参数。缓进给磨削过程的单位磨削力为[157]

$$F_d = \sigma_0 \overline{A_c}^{-\varepsilon} \tag{4-36}$$

式中，F_d——砂轮的单位磨削力；σ_0—单位磨削力常数；$\overline{A_c}$——平均磨削层面积，$\overline{A_c} = b_g h_g$；ε——修正系数，通常 $0.5 < \varepsilon < 1$。

不同材料的单位磨削力常数 σ_0 可由下式估算[157,158]

$$\sigma_0 = F_t' \frac{v_s}{v_w} \tag{4-37}$$

在磨粒与工件接触表面随机选取微小单元 dA，单元的法线与切削方向夹角为 ψ，与磨粒轴线的夹角为 θ，单颗磨粒磨削力如图 4-10 所示。磨粒顶端圆球单元 dA 上磨削力 dF_{gc} 为

$$dF_{gc} = F_d \sin\theta \cos\psi dA \tag{4-38}$$

式中，θ——磨削力与磨粒圆锥体轴线的夹角；ψ——在水平投影面上磨削力方向与磨削方向的夹角；dA——磨粒与工件接触面上的单元面积。

在磨粒顶端圆球上，磨粒与工件接触面上的单元面积 dA 可以表示为

$$dA = r_g^2 \cos\theta d\theta d\psi \tag{4-39}$$

将式（4-39）代入式（4-38）得

$$dF_{gc} = F_d r_g^2 \sin\theta\cos\theta\cos\psi d\theta d\psi \tag{4-40}$$

根据图 4-10 的受力分析可知

$$\begin{cases} dF_{gtc} = dF_{gc}\sin\theta\cos\psi \\ dF_{gnc} = dF_{gc}\cos\theta \end{cases} \tag{4-41}$$

将式（4-40）代入式（4-41）得

$$\begin{cases} dF_{gtc} = F_d r_g^2 \sin^2\theta\cos\theta\cos^2\psi d\theta d\psi \\ dF_{gnc} = F_d r_g^2 \sin\theta\cos^2\theta\cos\psi d\theta d\psi \end{cases} \tag{4-42}$$

通过积分可求得作用于单颗磨粒上的磨削力

$$\begin{cases} F_{gtc} = \int_0^{\theta_1}\int_{-\frac{\pi}{2}}^{\frac{\pi}{2}} dF_{gtc} = \frac{\pi}{6}r_g^2 F_d\ \sin^3\theta_1 \\ F_{gnc} = \int_0^{\theta_1}\int_{-\frac{\pi}{2}}^{\frac{\pi}{2}} dF_{gnc1} = \frac{2}{3}r_g^2 F_d(1-\cos^3\theta_1) \end{cases} \tag{4-43}$$

由图 4-10 中的几何关系可得

$$\begin{cases} \sin\theta_1 = \dfrac{\sqrt{2r_g a_g - a_g^2}}{r_g} \\ \cos\theta_1 = 1 - \dfrac{a_g}{r_g} \end{cases} \tag{4-44}$$

将式（4-36）、式（4-44）代入式（4-43）中可得单颗磨粒切屑变形力公式为

$$\begin{cases} F_{gtc} = \dfrac{\pi\sigma_0(2r_g a_g - a_g^2)^{3/2}}{6r_g(b_g h_g)^\varepsilon} \\ F_{gnc} = \dfrac{2\sigma_0\left[r_g^3 - (r_g - a_g)^3\right]}{3r_g(b_g h_g)^\varepsilon} \end{cases} \tag{4-45}$$

式（4-45）为单颗球顶圆锥体简化磨粒的切削变形力模型，磨削力受到顶部圆球半径 r_g、磨粒最大切削深度 a_g、单位磨削力常数 σ_0 和修正系数 ε 的影响。当单颗磨粒和工件材料确定时，σ_0 为大于零的常数[157]。理想状态下，选定修正系数 $\varepsilon=1$；当砂轮及磨削工艺参数确定后，砂轮宽度 b_g 和窄深槽深度 h_g 为已知量。因此，顶部圆球半径 r_g、磨粒的最大切削深度 a_g 是影响单颗磨粒磨削力的主要因素。在固定磨削工艺参数下（$v_s = 52.3$ m/s，

$v_w = 1.2$ mm/min，$h_g = 12$ mm），磨粒顶球半径和切削深度对单颗磨粒切屑变形磨削力的影响如图 4-11 所示。随着磨粒的顶球半径 r_g 逐渐增大，单颗磨粒切屑变形切向磨削力和法向磨削力均逐渐增大，且磨粒的法向磨削力大于切向力。磨削过程中，磨粒的顶球半径越大，磨粒的平均切削面积增大，发生切削变形的材料体积增大，导致切屑变形力增大。当磨粒切削深度 a_g 增大时，单颗磨粒的切屑变形磨削力逐渐增大。在磨粒顶球半径相同时，磨粒

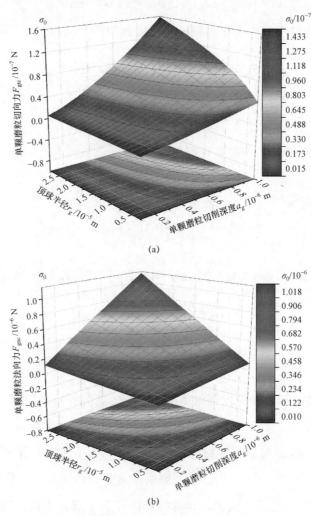

图 4-11 单颗磨粒切屑变形力随 r_g、a_g 的变化趋势

（a）切屑变形切向磨削力；（b）切屑变形切向磨削力

切削深度越大，磨粒去除工件材料体积增大，发生变形材料体积增大，切屑变形磨削力增大。根据这一现象分析可知，砂轮磨粒磨损钝化后，磨粒磨刃顶球半径增大，磨粒的切屑变形力越大，产生的磨削热增多，工件磨削温度升高容易诱发磨削烧伤。因此，保持磨粒锋锐，选用较大砂轮线速度和较小工件进给速度，能够减小磨粒切屑变形力，降低磨削热密度，避免工件磨削烧伤。

（2）由磨粒与工件摩擦产生的磨削力

假设磨削时砂轮与工件间的平均单位面积接触力为 $\overline{P}$，磨粒与工件的接触面积 $\overline{A}_{gc}$，则单颗磨粒摩擦力为[159]

$$\begin{cases} F_{gts} = \mu \overline{P}\,\overline{A}_{gc} \\ F_{gns} = \overline{P}\,\overline{A}_{gc} \end{cases} \tag{4-46}$$

假设砂轮磨削区参与磨削的有效磨粒数为 N_{dyn}，则单颗磨粒与工件接触面积为

$$\overline{A}_{gc} = \frac{\alpha_0 b_m l_s}{N_{dyn}} \tag{4-47}$$

式中，α_0——磨粒接触面积占砂轮接触区面积的比例系数；b_m——磨削区宽度。

磨粒与工件的平均单位面积接触力 $\overline{P}$ 为[33]

$$\overline{P} = \frac{4P_0 v_w}{d_e v_s} \tag{4-48}$$

式中，P_0 为比例系数；d_e 为砂轮当量直径。

TANG 等认为磨削过程中弹性变形、弹塑性变形及塑性变形的平均接触压力不同，因而摩擦系数 μ 满足关系[32]

$$\mu = \frac{\beta_0}{\overline{P}} + \gamma_0 \tag{4-49}$$

式中，β_0、γ_0——与接触面物理力学性能有关的系数。

通过 TC4 合金磨削实验和回归分析得到了单颗磨粒滑擦时的磨削力公式及比例系数 K_1、K_2、K_3。考虑到工件材料的差异，引入系数 η_0 修正材料物理力学性能对磨削力影响，得到单颗磨粒摩擦引起的磨削力为

$$\begin{cases} F_{gts} = \left(\alpha_0 \beta_0 + \dfrac{4\alpha_0 P_0 v_w \gamma_0}{d_e v_s} \right) \dfrac{b_m l_s}{N_{dyn}} = \eta_0 \left(K_2 + \dfrac{K_3 v_w}{d_e v_s} \right) \dfrac{b_m l_s}{N_{dyn}} \\ F_{gns} = \left(K_0 + \dfrac{4\alpha_0 P_0 v_w}{d_e v_s} \right) \dfrac{4 b_m l_s}{N_{dyn}} = \dfrac{\eta_0 K_1 v_w b_m l_s}{d_e v_s N_{dyn}} \end{cases} \tag{4-50}$$

式中，K_0、K_1、K_2、K_3 为比例系数，其中 $K_1 = 4\alpha_0 P_0$，$K_2 = \alpha_0 \beta_0$，$K_3 = 4\alpha_0 \gamma_0 P_0$[32]。

（3）单颗磨粒总磨削力

砂轮磨粒磨削工件材料时受到切屑变形力和摩擦力的作用，假定砂轮结合剂层不与工件接触，忽略结合剂与工件材料的摩擦力。因此，根据式（4-45）和（4-50）可得单颗磨粒总的磨削力公式为

$$\begin{cases} F_{gt} = F_{gtc} + F_{gts} = \dfrac{\pi \sigma_0 (2 r_g a_g - a_g^2)^{3/2}}{6 r_g (b_g h_g)^{\varepsilon}} + \eta_0 \left(K_2 + \dfrac{K_3 v_w}{d_e v_s} \right) \dfrac{b_m l_s}{N_{dyn}} \\ F_{gn} = F_{gnc} + F_{gns} = \dfrac{2 \sigma_0 [r_g^3 - (r_g - a_g)^3]}{3 r_g (b_g h_g)^{\varepsilon}} + \dfrac{\eta_0 K_1 v_w b_m l_s}{d_e v_s N_{dyn}} \end{cases} \tag{4-51}$$

4.6　基于磨削分区的窄深槽磨削力模型

窄深槽磨削过程中，砂轮的顶刃区、过渡刃区和侧刃区的磨粒都参与工件材料去除，由于砂轮各磨削刃区磨粒的磨削深度差异较大，因此必须分区域计算砂轮磨削窄深槽的磨削力。单颗磨粒的磨削力随着磨粒的切入深度增大而增大，实际磨削过程中，砂轮磨粒的露出结合剂层的高度值不同。为方便理论计算，假设砂轮表面磨粒分布均匀[160]，相邻有效磨粒平均间距为 $\overline{\lambda}_g$，而且磨粒的出刃高度相等[31]。

（1）顶刃磨削区的切向磨削力 F_{pt} 和法向磨削力 F_{pn}

在窄深槽的顶刃磨削区，砂轮参与磨削的磨粒数量为

$$N_p = \dfrac{\eta_d (b_w - 2 r_t) l_s}{\overline{\lambda}_g^2} \tag{4-52}$$

式中，η_d——风冷式砂轮的断续磨削比。

则砂轮顶刃磨削区的磨削力为

$$\begin{cases} F_{pt} = N_p F_{gt} = \left[\dfrac{\pi \sigma_0 \eta_d (b_w - 2r_t)(2r_g a_g - a_g^2)^{3/2}}{6 r_g (b_g h_g)^{\varepsilon} \overline{\lambda}_g^{\,2}} + \eta_0 \left(K_2 + \dfrac{K_3 v_w}{d_e v_s} \right)(b_w - 2r_t) \right] l_s = A_{pt} l_s \\[4mm] F_{pn} = N_p F_{gn} = \left\{ \dfrac{2 \sigma_0 \eta_d (b_w - 2r_t)[r_g^3 - (r_g - a_g)^3]}{3 r_g (b_g h_g)^{\varepsilon} \overline{\lambda}_g^{\,2}} + \dfrac{\eta_0 K_1 v_w}{d_e v_s}(b_w - 2r_t) \right\} l_s = A_{pn} l_s \end{cases}$$

$$(4\text{-}53)$$

（2）过渡刃磨削区的切向磨削力 F_{rt} 和法向磨削力 F_{rn}

在砂轮的过渡磨削刃区，虽然砂轮过渡圆角上不同位置磨粒的回转半径不一致，但是砂轮圆角半径远小于砂轮直径，因此忽略圆角上磨粒位置造成的砂轮线速度变化的影响，认为过渡刃区磨粒的线速度等于顶刃区磨粒线速度。在过渡刃区横截面上的圆弧区域，将过渡刃区外凸弧线 $x_1 x_{12} x_2$ 展开成一条直线，外凸弧线上各点对应磨粒的最大未变形切屑厚度的分布曲线 Ax_2 近似为一条直线，近似后的分布直线如图 4-12 所示。

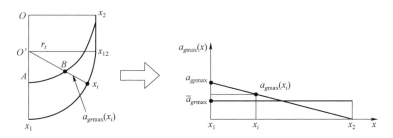

图 4-12　过渡刃磨削区磨粒切削深度等效示意图

在窄深槽顶刃磨削区，不同磨粒对应的最大未变形切屑厚度相等；在窄深槽的过渡刃磨削区，沿着从顶刃磨削区到侧刃磨削区的方向，磨粒的最大未变形磨削厚度 $a_{gr\max}(x_i)$ 逐渐减小。在过渡刃区横截面上，磨粒未变形磨屑厚度可等效为

$$n \overline{a}_{gr\max} = \sum_{i=1}^{n} a_{gr\max}(x_i) \qquad (4\text{-}54)$$

根据图 4-12 几何关系可得，过渡刃磨削区磨粒的最大未变形磨屑厚度

平均值为

$$\overline{a}_{gt\max}=\frac{1}{2}a_{gp\max}=\frac{1}{2}a_g \tag{4-55}$$

则过渡刃区的单颗磨粒磨削力公式为

$$\begin{cases} F'_{gt}=\dfrac{\pi\sigma_0\left(r_ga_g-\dfrac{1}{4}a_g^2\right)^{3/2}}{6r_g(b_gh_g)^\varepsilon}+\left(K_2+\dfrac{K_3v_w}{d_ev_s}\right)\dfrac{b_ml_s}{N_{dyn}} \\[4mm] F'_{gn}=\dfrac{2\sigma_0\left[r_g^3-\left(r_g-\dfrac{1}{2}a_g\right)^3\right]}{3r_g(b_gh_g)^\varepsilon}+\left(K_0+\dfrac{K_1v_w}{d_ev_s}\right)\dfrac{b_ml_s}{N_{dyn}} \end{cases} \tag{4-56}$$

在窄深槽的过渡刃磨削区，砂轮参与磨削磨粒数量为

$$N_r=\frac{\eta_d\pi r_t}{2\overline{\lambda}_g^{\,2}}l_s \tag{4-57}$$

则砂轮过渡刃磨削区的磨削力为

$$\begin{cases} F_{rt}=N_rF_{gt}{}'=\left[\dfrac{\pi^2\sigma_0\eta_dr_t\left(r_ga_g-\dfrac{1}{4}a_g^2\right)^{3/2}}{12r_g(b_gh_g)^\varepsilon\overline{\lambda}_g^{\,2}}+\eta_0\left(K_2+\dfrac{K_3v_w}{d_ev_s}\right)\dfrac{\pi r_t}{2}\right]l_s=B_{rt}l_s \\[6mm] F_{rn}=N_rF_{gn}{}'=\left\{\dfrac{2\pi\sigma_0\eta_dr_t\left[r_g^3-\left(r_g-\dfrac{1}{2}a_g\right)^3\right]}{6r_g(b_gh_g)^\varepsilon\overline{\lambda}_g^{\,2}}+\dfrac{\eta_0K_1v_w\pi r_t}{2d_ev_s}\right\}l_s=B_{rn}l_s \end{cases}$$

$$\tag{4-58}$$

（3）侧刃磨削区磨削力 F_s

磨削过程中，砂轮过渡刃圆角区域受到工件作用的法向力 F_{rcn}，分解为垂直分力 F_{rsn} 和 F_{rn}，F_{rsn} 的方向沿着砂轮轴向并垂直于槽侧面，如图 4-13 所示。由于砂轮圆角结构在过回转轴线的截面上具有对称性，砂轮和工件整体在沿砂轮轴线方向的受力相互抵消，但是在砂轮与工件两侧槽侧面的接触面上依然受到法向分力 F_{rsn} 作用，是侧刃磨削区磨粒法向力的主要

来源。在窄深槽的侧刃磨削区，砂轮侧刃区磨粒在工件表面滑擦，窄深槽侧面产生弹性变形，可以将磨粒与槽侧面之间的接触视作刚性圆球与软平面的接触，砂轮侧刃区单颗磨粒滑擦工件的磨削力分析如图 4-13 所示。

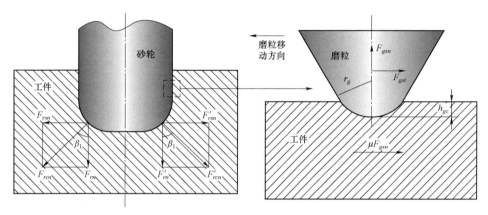

图 4-13 侧刃磨削区单颗磨粒滑擦工件的磨削力

砂轮侧刃区磨粒在法向力 F_{gsn} 的作用下滑擦窄深槽侧面，工件材料发生弹性变形，磨粒因弹性变形而切入工件深度为 h_{gc}。根据赫兹理论，可以推导出窄深槽侧面受到法向力 F_{gsz} 作用时磨粒切入槽侧面深度为[34]：

$$h_{gc} = \left(\frac{9F_{gsz}^2}{16r_g E^{*2}} \right)^{1/3} \tag{4-59}$$

式中，h_{gc}——弹性变形下磨粒切入槽侧面深度；$1/E^* = (1-\upsilon_g^2)/E_g + (1-\upsilon_w^2)/E_w$；

E_g、E_w——磨粒、工件的弹性模量；

υ_g、υ_w——磨粒、工件的泊松比。

由式（4-58）可推导得出单颗磨粒滑擦时受到的法向磨削力公式

$$F_{gsz} = \sqrt{\frac{16r_g h_{gc}^3 E^{*2}}{9}} \tag{4-60}$$

单颗磨粒在工件表面滑擦时，工件材料只发生弹性变形，当磨粒与工件的接触应力超过强度极限时，工件发生塑性变形。因此，式（4-60）中磨粒切入槽侧面深度的极限值即工件材料变形发生弹塑性转变时的临界切入深度 h_{gcmax}[34]

$$h_{gc\max} = r_g\left(\frac{3\pi}{4}\right)^2\left(\frac{H}{2E^*}\right)^2 \tag{4-61}$$

式中，H—工件材料硬度。

侧刃磨削区单颗磨粒的滑擦磨削力 F_{gsf} 为

$$F_{gsf} = \mu F_{gsz} = \mu\sqrt{\frac{16r_g h_{gc\max}{}^3 E^{*2}}{9}} \tag{4-62}$$

窄深槽侧刃磨削区的磨削力公式为

$$\begin{cases} F_{sz} = \dfrac{A_s}{\overline{\lambda_g}^2}F_{gsz} = \dfrac{9\pi^3 r_g{}^2 H^3 A_s}{128E^{*2}\overline{\lambda_g}^2} = C_{sz}A_s \\[4mm] F_{sf} = \dfrac{A_s}{\overline{\lambda_g}^2}F_{gsf} = \dfrac{9\mu\pi^3 r_g{}^2 H^3 A_s}{128E^{*2}\overline{\lambda_g}^2} = C_{sf}A_s \end{cases} \tag{4-63}$$

（4）缓进给磨削窄深槽的总磨削力

砂轮缓进给磨削窄深槽的磨削力分解为沿砂轮转动方向切向的切向磨削力 F_t 和垂直于切向的法向磨削力 F_n。在窄深槽的顶刃磨削区和过渡刃磨削区建立的磨削力模型（F_{pt}、F_{pn}、F_{rt}、F_{rn}）满足上述分解要求；而在侧刃磨削区，法向磨削力 F_{sz} 实际上沿着砂轮轴向，由于砂轮结构的对称性，砂轮与窄深槽左右两侧接触面的法向磨削力相互抵消。因此，窄深槽的总磨削力模型仅需考虑侧刃磨削区的切向磨削力 F_{sf} 即可。累加不同磨削区的磨削力，缓进给磨削窄深槽的总磨削力为

$$\begin{cases} F_t = F_{pt} + 2F_{rt} + 2F_{sf} = (A_{pt}+2B_{rt})l_s + 2C_{sf}A_s \\ F_n = F_{pn} + 2F_{rn} \quad\quad\quad = (A_{pn}+2B_{rn})l_s \end{cases} \tag{4-64}$$

4.7　窄深槽磨削力模型的实验验证

4.7.1　窄深槽磨削力模型算例

窄深槽磨削实验在 MV-40 立式加工中心上进行，应用 Kistler 9119AA2

测力仪测量磨削过程中的磨削力，工件材料为 Inconel 718 镍基高温合金，窄深槽磨削实验装置如图 4-14 所示。窄深槽磨削工艺参数见表 4-1。在缓进给磨削过程中，通常假设磨削力的平均合力作用于砂轮与工件接触弧的中点[161]，测力仪测得的磨削力 F_X、F_Y 与切向磨削力 F_t 和法向磨削力 F_n 之间存在夹角 θ_0，如图 4-15 所示。

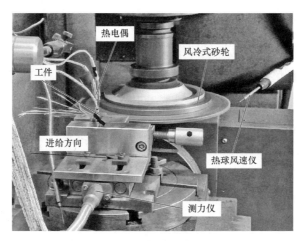

图 4-14　窄深槽磨削实验设备

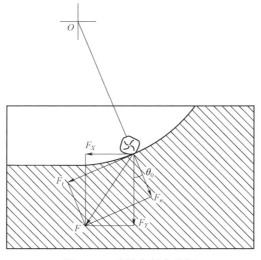

图 4-15　砂轮磨削力分析

根据图 4-15 可知，测力仪测量磨削力与砂轮的磨削力存在一定夹角，切向磨削力和法向磨削力的关系为：

$$\begin{cases} F_t = F_Y \sin\theta_0 + F_X \cos\theta_0 \\ F_n = F_Y \cos\theta_0 - F_X \sin\theta_0 \end{cases} \tag{4-65}$$

在接触弧中点处的 F_n 与 F_Y 夹角 θ_0 为

$$\theta_0 = \sqrt{\frac{l_s}{d_s}} \tag{4-66}$$

窄深槽磨削力算例所需的相关参数见表 4-2，其中磨削工艺参数、砂轮结构参数、工件结构参数为已知量；工件材料硬度和摩擦系数分别通过显微硬度实验和摩擦磨损实验测量获得；磨粒简化模型的顶部圆球半径和修正系数通过试算法确定最优值，其余参数从相关文献引用。

表 4-2 窄深槽磨削力算例参数表

计算公式	参数	参数值	数据来源
接触弧长 公式（4-9）～公式（4-23）	窄深槽深度 h_g/mm	12	已知
	砂轮直径 d_s/mm	250	已知
	工件进给速度 v_w/（mm/s）	0.013	已知
	样件长度 b_w/mm	15	已知
单颗磨粒磨削力 公式（4-35）～公式（4-49）	单位磨削常数 σ_0	72 000	文献［156］
	修正系数 ε	1	文献［157］
	砂轮宽度 b_g/mm	4	已知
	顶部圆球半径 r_g/mm	0.01	修正量
	比例系数 K_0	0.782 3	修正量
	比例系数 K_1	24 175	文献［32］
	比例系数 K_2	0.526 7	文献［32］
	比例系数 K_3	33 467	文献［32］
	材料修正系数 η_d	0.6	修正量
	砂轮线速度 v_s/（m/s）	65.4	已知
窄深槽磨削力 公式（4-50）～公式（4-62）	断续磨削比 η_d	0.54	已知
	砂轮磨粒平均间距 $\bar{\lambda}_g$/mm	0.15	已知
	工件磨削方向长度 b_w/mm	15	已知
	砂轮过渡圆角半径 r_l/mm	0.458	已知

续表

计算公式	参数	参数值	数据来源
窄深槽磨削力 公式（4-50）～公式（4-62）	工件弹性模量 E_w/MPa	2.2×10^5	文献［14］
	工件泊松比 υ_w	0.3	文献［14］
	磨粒弹性模量 E_g/MPa	7.1×10^5	文献［14］
	磨粒泊松比 υ_g	0.15	文献［14］
	摩擦系数 μ	0.52	已知
	工件硬度 H	HRC35	已知
	磨粒直径 d_g	0.125	已知

图 4-16 为砂轮线速度 $v_s = 52.3$ m/s，工件进给速度 $v_w = 0.8$ mm/min，窄深槽深度 $h_g = 12$ mm，风冷式砂轮缓进给磨削窄深槽磨削力随着磨削时间变化的实验值和计算值曲线。在窄深槽磨削的 Q_{in}-Ⅰ段，砂轮逐渐切入工件，砂轮与工件的接触弧长和槽侧面接触面积逐渐增大，窄深槽的切向磨削力和法向磨削力均逐渐增大；在 Q_{in}-Ⅱ段，窄深槽的切向磨削力缓慢增大，而法向磨削力缓慢减小，则总磨削力的大小基本不变，虽然砂轮与工件的接触弧长逐渐减小，但是减小趋势比较缓慢（图 4-6），而且槽侧面接触面积快速增大，槽侧面磨削力增大是 Q_{in}-Ⅱ段磨削力保持稳定的主要原因；在 Q_{out}-Ⅰ段，砂轮与工件接触弧长逐渐减小，窄深槽磨削力逐渐减小；在 Q_{out}-Ⅱ和 Q_{out}-Ⅲ段，砂轮基本去除全部窄深槽材料，砂轮与工件的接触弧长为零，砂轮仅侧刃区与槽侧面接触，窄深槽磨削力保持在较低水平，随着砂轮逐渐切出工件，槽侧面接触面积逐渐减小，窄深槽磨削力也随之缓慢减小。磨削力的计算结果能较好匹配窄深槽不同磨削阶段的磨削力变化趋势。

从图 4-16 可以看出，磨削力在 Q_{in}-Ⅱ段的变化较小，因此 Q_{in}-Ⅰ与 Q_{in}-Ⅱ段交界点处的磨削力近似等于最大磨削力。为进一步验证磨削力模型的计算精度，以 Q_{in}-Ⅰ与 Q_{in}-Ⅱ段交界点处的磨削力为特征值，研究磨削力模型对窄深槽磨削力的预测精度。图 4-17 为不同磨削工艺参数的窄深槽切向磨削力 F_t 和法向磨削力 F_n 的在特征位置的实验值与计算值，实验结果表明，窄深槽切向磨削力 F_t 的计算值与实验值的最小相对误差和最大相对误差分别为 2.9% 和 7.4%，法向磨削力 F_n 的计算值与实验值的最小相对误差和最大相对误差分别为 2.6% 和 9.6%。因此，建立的磨削力模型能较准确地预测窄深槽缓进给磨削的磨削力。

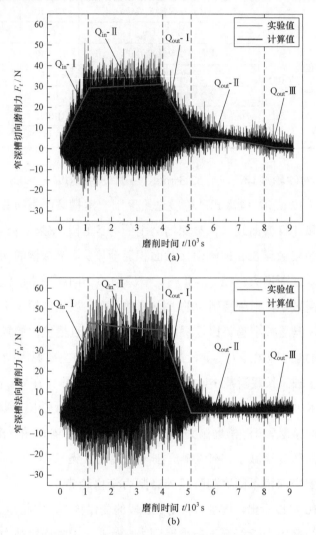

图 4-16 窄深槽磨削力的实验值与计算值

（a）窄深槽的切向磨削力；（b）窄深槽的法向磨削力

4.7.2 磨削工艺参数对窄深槽磨削力的影响

图 4-17（a）为工件进给速度 $v_w = 0.8$ mm/min，窄深槽深度 $h_g = 12$ mm

时，砂轮线速度对窄深槽的切向磨削力 F_t 和法向磨削力 F_n 的影响规律曲线，随着砂轮线速度的增大，窄深槽的磨削力逐渐减小。这是因为增大砂轮线速度，磨粒的最大未变形切屑厚度减小，砂轮参与磨削磨粒的磨削力减小；同时，最大未变形切屑厚度减小，导致部分低露出高度的小切深磨粒不再参与磨削，砂轮的有效磨粒数量减少，窄深槽的磨削力逐渐减小。

图 4-17（b）为砂轮线速度 $v_s = 52.3$ m/s，窄深槽深度 $h_g = 12$ mm 时，不同工件进给速度的窄深槽磨削力变化曲线，随着工件进给速度的增大，窄深槽的磨削力逐渐增大。当仅增大工件进给速度时，最大未变形切削厚度增大，砂轮有效磨粒的磨削力增大，同时参与磨削的有效磨粒也增多，两个原因的综合作用引起窄深槽磨削力逐渐增大。

图 4-17（c）为砂轮线速度 $v_s = 52.3$ m/s，工件进给速度 $v_w = 0.8$ mm/min 时，不同窄深槽深度的窄深槽磨削力变化曲线，当窄深槽深度逐渐增大时，窄深槽的磨削力也逐渐增大。其原因是随着窄深槽深度的增大，砂轮顶刃区和过渡刃区与工件的接触弧长增大，砂轮侧刃区与窄深槽侧面接触面积增大，引起参与磨削的磨粒数量增多，因此窄深槽的磨削力逐渐增大。

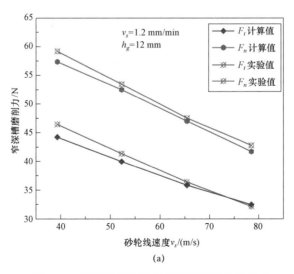

图 4-17　磨削工艺参数对窄深槽磨削力的影响

（a）砂轮线速度对磨削力的影响

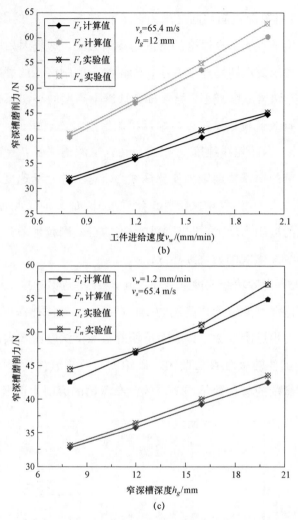

图4-17　磨削工艺参数对窄深槽磨削力的影响（续）
（b）工件进给速度对磨削力的影响；（c）窄深槽深度对磨削力的影响

4.8　本章小结

　　本章研究了基于窄深槽磨削分区的材料去除机理，分析了窄深槽缓进给磨削过程中的接触弧长及槽侧面接触面积变化规律，建立了基于磨削分区的窄深槽磨削力理论模型，通过数值计算和磨削力实验验证了窄深槽磨削力模型预测精度。主要研究结论如下：

① 窄深槽磨削表面分为顶刃磨削区、过渡刃磨削区和侧刃磨削区，工件材料主要由砂轮的顶刃和过渡刃去除；根据窄深槽磨削材料去除模型，顶刃磨削区磨粒切削深度最大且基本相等，过渡刃磨削区磨粒的切削深度逐渐减小，磨粒在侧刃磨削区仅滑擦槽侧面或微切削表面沟痕的较高隆起部分。窄深槽不同磨削区磨粒切削深度差异是表面梯度过渡形貌特征产生的根本原因。

② 构建了窄深槽磨削过程中接触弧长和槽侧面接触面积的理论公式，得到磨削过程中接触弧长和槽侧面接触面积的变化规律。窄深槽深度决定了接触弧长和槽侧面接触面积的最大值，而且窄深槽深度越大，接触弧长和槽侧面接触面积越大；工件进给速度增大，窄深槽各磨削阶段的接触弧长和接触面积最大值不变，但是接触弧长和接触面积的变化率增大。

③ 窄深槽磨削时，材料去除率先逐渐增大后逐渐减小；随着工件进给速度和窄深槽深度增大，材料去除率逐渐增大，但是工件进给速度引起的材料去除率增幅更大，是影响窄深槽磨削材料去除率的主要因素。

④ 在窄深槽顶刃磨削区和过渡刃磨削区，建立了包括切屑变形力和摩擦力的单颗磨粒磨削力模型；根据赫兹接触理论建立槽侧面的单颗磨粒磨削力模型，构建了窄深槽基于磨削分区的总磨削力模型，研究了窄深槽缓进给磨削过程中的磨削力变化规律；数值计算和磨削力实验结果表明，磨削力模型能准确预测窄深槽缓进给磨削时磨削力的变化趋势，而且磨削力的计算值与实验值的误差小于 10%，具有较高的预测精度。

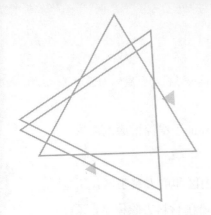

第5章　基于风冷式强化换热的
窄深槽磨削区温度场

根据窄深槽磨削的材料去除机理，各磨削区存在不同的材料去除方式，砂轮磨粒的切削深度在窄深槽的不同磨削区差异较大，在窄深槽磨削表面产生了强度不同的热流密度，引起磨削温度分布不均问题。本章开展风冷式砂轮磨削窄深槽强化换热温度场研究，基于各磨削区的切向磨削力，推导窄深槽不同磨削区的热流密度理论公式；分析风冷式砂轮在磨削区的出风口径向出射气流流速，构建窄深槽磨削区风冷式强化对流换热模型；研究风冷式强化换热的传入工件的磨削热分配模型，建立窄深槽不同磨削区的温度场模型；应用有限元法模拟窄深槽磨削区温度场分布，并进行窄深槽缓进给磨削温度实验，研究不同磨削区的最高磨削温度分布。

5.1　窄深槽不同磨削区的热流密度

磨削过程中，磨削热流密度计算多采用单位面积的切向磨削力做功的形式表示[162]

$$q = \frac{F_t v_s}{b_g l_s} \qquad (5\text{-}1)$$

窄深槽不同磨削区的未变形切屑厚度和材料去除方式有明显差异，这导致窄深槽不同磨削区的热流密度分布不均匀，因此分析窄深槽的顶刃磨削区、过渡刃磨削区和侧刃磨削区的热流密度分布。

（1）顶刃磨削区热流密度 q_p

在窄深槽的顶刃磨削区，砂轮磨粒磨削深度基本一致，顶刃磨削区的热流密度为

$$q_p = \frac{F_{pt}v_s}{(b_w - 2r_t)l_s} = \frac{\pi\sigma_0\eta_d v_s(2r_g a_g - a_g^2)^{3/2}}{6r_g(b_g h_g)^\varepsilon \overline{\lambda}_g^2} + \eta_0\left(K_2 + \frac{K_3 v_w}{d_e v_s}\right)v_s \quad (5\text{-}2)$$

（2）过渡刃磨削区热流密度 q_r

窄深槽过渡刃磨削区磨粒的磨削深度沿着从顶刃区到侧刃区的方向逐渐减小，导致砂轮的材料去除率也减小[163]，过渡刃磨削区的热流密度沿靠近侧刃磨削区的方向逐渐减小。根据体积不变原理，在过渡刃磨削区磨削力模型计算过程中，将过渡刃磨削区的材料去除形式等效转化为相等磨削深度的材料去除过程（4.2.2 节），则过渡刃磨削区热流密度可表示为

$$q_r = \frac{2F_{rt}v_s}{\pi r_t l_s} = \frac{\pi\sigma_0\eta_d v_s\left(r_g a_g - \dfrac{1}{4}a_g^2\right)^{3/2}}{6r_g(b_g h_g)^\varepsilon \overline{\lambda}_g^2} + \eta_0\left(K_2 + \frac{K_3 v_w}{d_e v_s}\right)v_s \quad (5\text{-}3)$$

（3）侧刃磨削区热流密度 q_s

在窄深槽的侧刃磨削区，砂轮侧刃区磨粒的线速度沿着径向从侧刃区外缘向内缘线性减小。由于砂轮侧刃区磨粒带宽度较小，仅为砂轮回转半径的 1/10，因此，由线速度不同引起的热流密度差异忽略不计，认为侧刃磨削区热源符合均匀分布。由式（5-1）可知，侧刃磨削区平均热流密度为

$$q_s = \frac{F_{sf}\overline{v}_s}{A_s} = \frac{9\mu\pi^3 r_g^2 H^3(d_s - b_{gb})v_s}{128E^{*2}\overline{\lambda}_g^2 d_s} \quad (5\text{-}4)$$

式中，b_{gb}——砂轮磨粒带宽度。

由理论推导可知，砂轮磨削热流密度分布与未变形切屑厚度有关，实际磨削过程中，顶刃磨削区热流密度均匀分布；在过渡刃磨削区，由于未变形

切屑厚度逐渐减小的分布趋势，热流密度也逐渐减小；在侧刃磨削区，磨削热主要是摩擦热，随着回转半径的减小，热流密度也逐渐减小。在建立窄深槽不同磨削区热流密度模型时，当过渡圆角足够小的时候，在过渡刃磨削区和侧刃磨削区截面上，可将逐渐减小的热流密度简化为均匀分布的热流密度。

5.2 窄深槽磨削区风冷式强化对流换热

5.2.1 风冷式砂轮磨削区的出风口空气射流速度

在磨削区域，风冷式砂轮出风口气流流速是计算窄深槽磨削区对流换热热流密度的关键参数，由于窄深槽的磨削区是半封闭空间，磨削区的出风口气流流速可以通过砂轮流场测量实验数据计算，磨削时风冷式砂轮出风口气流流速 v_a 实质为砂轮扰动气流流速 v_t 和出风口径向出射气流流速 v_{rw} 的合速度。根据壁面无滑移条件，靠近砂轮圆周面的扰动气流近似沿着砂轮切向，如图 5-1 所示。

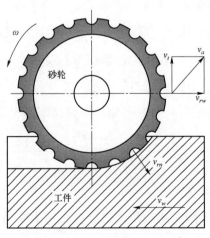

图 5-1　风冷式砂轮出风口气流流速

相同磨削工艺参数下，砂轮空载转动和磨削转动时的扰动气流流速相等，可应用石蜡封堵导风轮入风口，测量风冷式砂轮空载转动时的扰动气流流速 v_t，根据速度分解可构建风冷式砂轮的径向出射气流流速公式为

$$v_{rw} = \sqrt{v_a^2 - v_t^2} \tag{5-5}$$

由于风冷式砂轮入风口气流由导风轮叶片强制压入气流道，在相同磨削工艺参数下，风冷式砂轮在空载转动和磨削转动时导入的空气流量相等。空载时，导入砂轮内部气流均匀地从出风口流出，砂轮每一个出风口流速均相等。风冷式砂轮磨削窄深槽过程中，磨削弧区内的出风口数量为

$$N_c = \frac{N_f}{2\pi} \arccos \frac{\mathrm{d}_s - 2h_g}{\mathrm{d}_s} \tag{5-6}$$

式中，N_c——磨削弧区内的砂轮出风口数量；N_f——风冷式砂轮的出风口数量。

根据风冷式砂轮在空载和磨削时单位时间内流经砂轮出风口的空气流量相等，则有

$$N_c v_{rn} s_1 + (N_f - N_c) v_{rw} s_1 = N_f v_{rk} s_1 \tag{5-7}$$

式中，v_{rn}——磨削弧区内的出风口径向出射气流流速；v_{rw}——磨削弧区外的出风口径向出射气流流速；v_{rk}——空载时砂轮出风口径向出射气流流速；s_1——砂轮出风口截面积。

风冷式砂轮磨削弧区内的出风口径向出射气流流速为

$$v_{rn} = \frac{N_f v_{rk} - (N_f - N_c) v_{rw}}{N_c} \tag{5-8}$$

将公式（5-5）、公式（5-6）代入公式（5-8）有

$$v_{rn} = \frac{2\pi \sqrt{v_{ak}^2 - v_t^2} - \left[2\pi - \arccos\left(1 - \dfrac{2h_g}{\mathrm{d}_s} \right) \right] \sqrt{v_{aw}^2 - v_t^2}}{\arccos\left(1 - \dfrac{2h_g}{\mathrm{d}_s} \right)} \tag{5-9}$$

式中，v_{ak}——空载时风冷式砂轮出风口空气流速；v_{aw}——磨削时风冷式砂轮接触弧区外的出风口空气流速。

根据窄深槽磨削区内的风冷式砂轮出风口径向出射气流的理论分析，分别进行风冷式砂轮空转和磨削窄深槽时的气流场流速检测实验（图 4-14），应用热球风速仪测量空载时砂轮出风口气流流速 v_{ak}，磨削区外砂轮出风口气流流速 v_{aw}，风冷式砂轮扰动气流流速 v_t，不同砂轮转速下的测量结果见表 5-1。因此，根据表中各种工况砂轮出风口流速测量结果以及公式（5-9）可以精确计算得到不同磨削工艺参数下磨削区内砂轮出风口气流流速，为冷却空气流经磨削区带走热量热流密度理论模型研究提供技术和理论支撑。

表 5-1　不同砂轮转速的风冷式砂轮出风口气流流速

序号	砂轮线速度 v_s/（m/s）	扰动气流流速 v_t/（m/s）	空载砂轮出风口流速 v_{ak}/（m/s）	磨削区外砂轮出风口流速 v_{aw}/（m/s）
1	39.3	19.1	30.12	24.94
2	52.3	25.6	34.65	30.26
3	65.4	29.7	39.57	35.62
4	78.5	35.6	46.78	40.99

5.2.2　窄深槽磨削区风冷式强化对流换热模型

风冷式砂轮磨削窄深槽过程中，砂轮的径向出射气流喷射到槽底面，冷却气流在轮缘凹槽内形成回流，并从砂轮与槽侧面间隙流出，冷却空气与磨削表面产生典型的受限射流冲击对流换热过程。根据受限射流冲击基本理论，出射气流冲击磨削表面，气流流经的出风口到磨削区底面之间的区域为自由射流区域，冷却空气在自由射流区域内并不进行直接换热，流动特性与自由射流相同；冷却气流喷射到磨削区底面，受到气流冲击的区域称为冲击区，在冲击区的对流换热系数最高；气流到达冲击区后向周围壁面区域扩散流动，冷却气流沿着接触壁面流动的过程被称为壁面射流区[164,165]，风冷式砂轮磨削区径向出射气流流动示意图如图 5-2 所示。

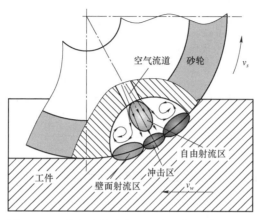

图 5-2　风冷式砂轮磨削区径向出射气流示意图

由于出风口圆弧槽直径 d_f 远小于风冷式砂轮直径 d_s（比值约为 1/42），磨削区的径向射流冲击面可以看作一个矩形平面，将风冷式砂轮径向气流对磨削区射流冲击冷却简化为平面冲击射流的对流换热过程。对流换热平均努赛尔数的经验公式为[166]

$$\overline{Nu}_f = 0.664 Re_f^{1/2} Pr_f^{1/3} \tag{5-10}$$

根据雷诺数 Re 和普朗特数 Pr 的定义，上式可以改写为

$$\overline{Nu}_f = 0.664 \left(\frac{u_f \rho_f L_c}{\mu_f} \right)^{1/2} \left(\frac{\mu_f c_f}{k_f} \right)^{1/3} \tag{5-11}$$

式中，u_f——流体流速；L_c——磨削面射流区的特征长度；μ_f——流体的动力黏度；ρ_f——流体密度；c_f——流体的比热容；k_f—流体的导热系数。

风冷式砂轮出风口气流以流速 v_{rn} 冲击到运动速度为砂轮转速 v_s 的磨削表面，则气流相对于静止工件的流速 u_f 为

$$u_f = (v_{rn}^2 + v_s^2)^{1/2} \tag{5-12}$$

根据努赛尔准则公式，可得窄深槽磨削区的平均对流换热系数 $\overline{\alpha}_f$ 为

$$\overline{\alpha}_f = 0.664 \left(\frac{u_f \rho_f L_c}{\mu_f} \right)^{1/2} \left(\frac{\mu_f c_f}{k_f} \right)^{1/3} \left(\frac{k_f}{d_c} \right) \tag{5-13}$$

式中，d_c—风冷式砂轮出风口喷嘴直径。

则窄深槽的风冷磨削区单个圆弧槽内的对流换热热流密度 q_{fd} 为

$$q_{fd} = \overline{\alpha}_f (T_w - T_f) \tag{5-14}$$

将式（5-13）代入式（5-14）中可得

$$q_{fd} = 0.664 \left(v_{rn}^2 + v_s^2 \right)^{1/4} \left(\frac{\rho_f L_c}{\mu_f} \right)^{1/2} \left(\frac{\mu_f c_f}{k_f} \right)^{1/3} \left(\frac{k_f}{d_c} \right) \left(T_w - T_f \right) \tag{5-15}$$

5.3　风冷式砂轮磨削窄深槽磨削热分配比模型

5.3.1　磨削热分配比模型

风冷式砂轮磨削窄深槽过程中，消耗的能量在磨削区全部转化为热量，磨削热主要传入工件、砂轮、冷却空气和磨屑。砂轮磨粒在去除工件材料时产生的热量主要有三个来源如图 5-3 所示：磨粒磨损平面与工件界面（AB 面）、磨屑的剪切面（BC 面）和磨粒与磨屑的接触面（BD 面）[43]，生成的磨削热经由这三个接触平面向砂轮磨粒和工件传导。Hahn 建立的磨削热分配模型将磨削过程假设成磨粒在光滑表面的滑动过程，忽略工件剪切区的切削力，磨削热生成于磨粒-工件的接触区域（图中 AB 面）[44]。磨削产生的一部分磨削热传入工件，而另外一部分磨削热则导入磨粒内部；由于磨削液的导热系数远小于磨粒的导热系数，因而假设磨削液不带走任何的磨削热。

Rowe 建立了磨削热在砂轮和工件之间传导的磨削热分配模型，导入工件磨削热量分配比例为[167]

$$\varepsilon_w = \frac{q_w}{q_w + q_s} = \left[1 + \frac{0.974 k_g}{\sqrt{r_0 v_s (k\rho c)_w}} \right]^{-1} \tag{5-16}$$

式中，k_g—磨粒导热系数；r_0—接触半径。

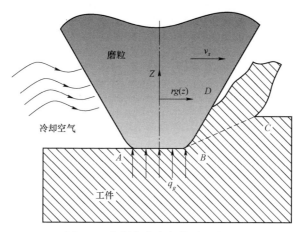

图 5-3　磨削热生产与传导示意图

5.3.2　窄深槽磨削热分配比模型

窄深槽磨削过程产生的磨削热将分别进入工件、砂轮、磨屑和冷却空气，磨削过程中的总热流密度 q_t 可表示为[37,168]

$$q_t = q_w + q_{wh} + q_{ch} + q_f \qquad (5\text{-}17)$$

式中，q_t—磨削区总热流密度；q_w—进入工件的热流密度；q_{wh}—传导入砂轮的热流密度；q_{ch}—流入磨屑的热流密度；q_f—流入冷却空气的热流密度。

（1）磨削区总热流密度 q_t

窄深槽磨削区划分为顶刃磨削区、过渡刃磨削区和侧刃磨削区，通过各磨削区的切向磨削力、砂轮线速度、砂轮接触面积等参数建立了窄深槽各磨削区的热流密度模型，则窄深槽磨削区的总热流密度为

$$q_t = q_p + q_r + q_s \qquad (5\text{-}18)$$

（2）流入磨屑的热流密度 q_{ch}

Malkin 研究发现流入磨屑的能量接近极限磨屑能 e_{ch}，极限磨屑能是指单位重量的磨屑被加热到熔化温度所需要的能量，极限磨屑能的表达式为

$$e_{ch} = \rho_w c_w T_{mp} \qquad (5\text{-}19)$$

因此，在窄深槽的顶刃磨削区，流入磨屑的热流密度 q_{pch} 为

$$q_{pch} = e_{ch} \frac{(b_w - 2r_t)h_g v_w}{(b_w - 2r_t)l_s} = \rho_w c_w T_{mp} \frac{h_g v_w}{l_s} \qquad （5\text{-}20）$$

由式（5-20）可知，流入磨屑的热流密度与材料的物理性质、窄深槽深度、工件进给速度和几何接触弧长有关。在窄深槽的过渡刃磨削区，流入磨屑热流密度相关参数与顶刃磨削区各参数一致，因此过渡刃磨削区流入磨屑的热流密度 q_{rch} 为

$$q_{rch} = q_{pch} = \rho_w c_w T_{mp} \frac{h_g v_w}{l_s} \qquad （5\text{-}21）$$

在窄深槽的侧刃磨削区，砂轮磨粒在槽侧面滑擦，仅去除极少部分工件材料，因此侧刃磨削区流入磨屑的热量忽略不计，则有侧刃磨削区流入磨屑的热流密度 q_{sch} 为

$$q_{sch} = 0 \qquad （5\text{-}22）$$

综合式（5-19）～式（5-22）可知，窄深槽磨削区流入磨屑的热流密度为

$$q_{ch} = \rho_w c_w T_{mp} \frac{h_g v_w}{l_s} \qquad （5\text{-}23）$$

（3）流入冷却空气的热流密度 q_f

在传统的缓进给磨削过程中，由于气流屏障存在，磨削液很难进入磨削区。部分进入磨削区的磨削液产生薄膜沸腾效应，限制了磨削液冷却性能。本文采用风冷式砂轮磨削窄深槽，通过砂轮的导风轮和内部流道，将环境空气直接输送到磨削区进行强化对流换热，实现了磨削区的直接冷却，在保证磨削区气流流量的条件下，能够实现窄深槽磨削区的高效冷却。

由式（5-6）和式（5-15）可得整个磨削区流入冷却空气的热流密度为

$$q_f = 0.664 N_c (v_{rn}^2 + v_s^2)^{1/4} \left(\frac{\rho_f L_c}{\mu_f} \right)^{1/2} \left(\frac{\mu_f c_f}{k_f} \right)^{1/3} \left(\frac{k_f}{d_c} \right) (T_w - T_f) \qquad （5\text{-}24）$$

（4）流入砂轮的热流密度 q_{wh} 和流入工件的热流密度 q_w

总磨削热减去流入磨屑热量和流入冷却空气热量，剩余热量全部传导入砂轮和工件。因此，流入砂轮和工件的热流密度为

$$q_{w-wh} = q_w + q_{wh} \qquad (5-25)$$

由 Rowe 建立的砂轮-工件磨削热分配比模型可得,流入工件的磨削热分配比系数为

$$\varepsilon_w = \left[1 + \frac{0.974 k_g}{\sqrt{r_0 v_s (k\rho c)_w}}\right]^{-1} \qquad (5-26)$$

窄深槽磨削区流入工件的热流密度为

$$q_w = \varepsilon_w q_{w-wh} = \varepsilon_w (q_t - q_{ch} - q_f) \qquad (5-27)$$

则流入工件的磨削热分配比为

$$\varepsilon_{w-p} = \frac{q_w}{q_t} = \varepsilon_w \left(1 - \frac{q_{ch} + q_f}{q_p + q_r + q_s}\right) \qquad (5-28)$$

5.4 风冷式砂轮磨削窄深槽综合热源模型

窄深槽缓进给磨削过程中,由于砂轮在顶刃磨削区和过渡刃磨削区去除绝大部分工件材料,磨削切深较大;而在侧刃磨削区,砂轮与窄深槽侧面之间主要是滑擦,砂轮的磨削深度极小。窄深槽磨削以大切深和大接触侧面为主要特征,不同的材料去除方式导致窄深槽各磨削区产生了不同的磨削热源分布模型,因此必须建立窄深槽各磨削区的热源模型,形成窄深槽磨削综合热源模型。

5.4.1 窄深槽不同磨削区的热源分布模型

(1) 窄深槽顶刃磨削区的热源分布模型

砂轮在一次成形过程内完成窄深槽的全部材料去除,相比于磨削深度通常为微米级[169]的平面磨削,窄深槽的磨削深度(8～20 mm)高出 2 个数量级。窄深槽磨削热源面是与砂轮几何接触的圆弧面,从热源面流入工件的热流密度与顶刃区磨削区磨粒的未变形切屑厚度有直接关系;在未变形切屑厚度越大的区域,流入工件的热流密度越大;在窄深槽的磨削弧区,热流密度

从未变形切屑厚度为零的位置到切屑厚度最大位置之间逐渐增大。因此，可以假设流入工件的热流密度在磨削弧区呈抛物线形分布。窄深槽顶刃磨削区圆弧面热源示意图如图 5-4 所示[170]，将窄深槽的顶刃磨削区热源面离散成宽度为 dl_i 的带状热源，带状热源 dl_i 从 O 点沿磨削弧线 OBA 运动到 B（x_i, 0，z_i）点，带状热源转过角度为 $2\theta_i$，其移动到 A 点时达到最大行程。

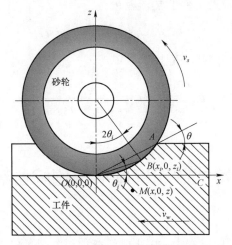

图 5-4 窄深槽顶刃磨削区热源分布

移动热源 $\mathrm{d}l_i$ 的导热效应引起的工件内任意点 M（x, 0, z）温升为[171]

$$\mathrm{d}T_p = \frac{q_p \mathrm{d}l_i}{\pi k} \mathrm{e}^{\frac{-(x-l_i\cos\theta_i)v_w}{2\alpha}} K_0\left[\frac{v_w\sqrt{(x-l_i\cos\theta_i)^2+(z-l_i\sin\theta_i)^2}}{2\alpha}\right] \quad (5\text{-}29)$$

式中，K_0—零阶二类修正贝赛尔函数；α—热扩散系数；k—导热系数。

将式（5-29）沿接触弧线积分可得顶刃磨削区热源引起点 M（x, 0, z）温度升高值为

$$T_p(x,0,z) = \frac{1}{\pi k}\int_0^{l_s} q_p \mathrm{e}^{\frac{v_w(x-l_i\cos\theta_i)}{2\alpha}} K_0\left[\frac{v_w\sqrt{(x-l_i\cos\theta_i)^2+(z-l_i\sin\theta_i)^2}}{2\alpha}\right]\mathrm{d}l_i$$

$$(5\text{-}30)$$

窄深槽顶刃磨削区热源面热流密度呈抛物线形分布，则在接触弧长上

$$q_p = al^2 \quad (5\text{-}31)$$

由于不论采取何种热流密度分布模型，流入窄深槽工件的总热流量是相等的，因此抛物线型分布热源模型流入工件热流量与均匀分布热源模型的热流量相等，则

$$\int_0^{l_s} al^2 \mathrm{d}l = q_{wp}l_s \tag{5-32}$$

由上式积分可得抛物线分布热源分布系数为

$$a = \frac{3q_{wp}}{l_s^2} \tag{5-33}$$

将式（5-33）代入式（5-31）可得抛物线形热流密度沿着接触弧的分布为

$$q = \frac{3q_{wp}}{l_s^2}l^2 \tag{5-34}$$

将式（5-34）代入式（5-30）得到在窄深槽顶刃磨削区的抛物线形分布圆弧面热源引起的工件内任意点 $M(x,0,z)$ 处的温度为

$$T_p(x,0,z) = \frac{1}{\pi k}\int_0^{l_s}\frac{3q_{wp}}{l_s^2}l_i^2\mathrm{e}^{-\frac{v_w(x-l_i\cos\theta_i)}{2\alpha}}K_0\left[\frac{v_w\sqrt{(x-l_i\cos\theta_i)^2+(z-l_i\sin\theta_i)^2}}{2\alpha}\right]\mathrm{d}l_i \tag{5-35}$$

（2）窄深槽过渡刃磨削区热源分布模型

在窄深槽过渡刃磨削区，由材料去除模型可知，未变形切屑厚度在垂直于磨粒运动方向的截面内也是逐渐变化。根据 4.2.2 节推导过渡刃磨削区磨削力过程中，将材料去除模型的曲边三角形横截面用面积等效的方法简化为矩形截面，过渡刃磨削区热源也可以看作圆弧面热源。因此，窄深槽过渡刃磨削区的等效未变形切屑厚度仅为顶刃磨削区未变形切屑厚度的一半，则过渡刃磨削区热流强度降低；过渡刃磨削区和顶刃磨削区的接触弧长相等。因此，过渡刃磨削区的抛物线型分布热源模型引起的工件内任意点 $M(x,0,z)$ 处的温度为

$$T_r(x,0,z) = \frac{1}{\pi k}\int_0^{l_s}\frac{3q_{wr}}{l_s^2}l_i^2\mathrm{e}^{-\frac{v_w(x-l_i\cos\theta_i)}{2\alpha}}K_0\left[\frac{v_w\sqrt{(x-l_i\cos\theta_i)^2+(z-l_i\sin\theta_i)^2}}{2\alpha}\right]\mathrm{d}l_i \tag{5-36}$$

（3）窄深槽侧刃磨削区热源分布模型

在窄深槽的侧刃磨削区，砂轮磨粒滑擦槽侧面，适用于均匀分布热源模型，如图 5-5 所示。将侧刃磨削区的面热源看作由无数宽度为 dl_i 的带状热源组成，不同位置的带状热源的长度不相等。当采用面积等效方法求得的平均速度时，槽侧面接触区展开成长度为 l_s 的矩形，带状热源以进给速度 v_w 沿 x 轴正向移动，则侧刃磨削区均匀分布热源引起的任一点 $M（x，y，0）$ 处的温度为

$$T_s(x,y,0)=\frac{q_{ws}}{\pi k}\int_0^{l_s}e^{\frac{v_w(x-l_i)}{2\alpha}}K_0\left[\frac{v_w\sqrt{(x-l_i)^2+y^2}}{2\alpha}\right]dl_i \qquad （5\text{-}37）$$

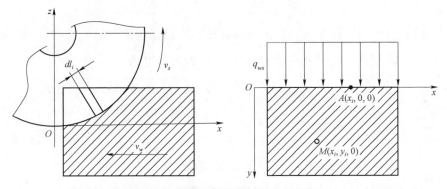

图 5-5　窄深槽侧刃磨削区热源分布

5.4.2　多热源叠加效应的窄深槽各磨削区温度

在窄深槽磨削力和热流密度求解过程中，过渡刃磨削区的圆角被展开成一条与圆角弧长相等的直线，因此在 $x=x_0$ 截面处简化后的窄深槽模型及测温点分布如图 5-6 所示。AB 段为顶刃磨削区，BC 段为过渡刃磨削区，CD 段为侧刃磨削区，M、N、P 点分别为顶刃磨削区、过渡刃磨削区和侧刃磨削区的测温点，上一节推导了窄深槽不同磨削区在单独热源作用下工件内任意点的磨削温度表达式。在实际磨削过程中，由于磨削热会向工件材料内部传导，顶刃磨削区的磨削热引起过渡刃磨削区和侧刃磨削区温度升高；同理，

顶刃磨削区温度也会受到另外两个磨削区热源的影响，窄深槽磨削区由于不同磨削热源的相互影响而获得更大的温升。

根据窄深槽磨削材料去除特性的研究结果，侧刃磨削区的测温点 P 处先后经历砂轮顶刃、过渡刃和侧刃区的粗磨、半精磨和精磨加工过程；N 点位于窄深槽的过渡刃磨削区内，只经历砂轮顶刃和过渡刃的粗磨和半精磨加工；在窄深槽底面中间位置的测温点 M 处，工件材料仅由砂轮顶刃粗磨加工去除。窄深槽材料主要砂轮顶刃和过渡刃去除，在过渡刃完成加工的槽侧面位置，窄深槽宽度达到成形基本尺寸；最后侧刃区磨粒滑擦槽侧面或微切削去除磨削沟痕较高隆起部分，达到窄深槽宽度的精度等级。

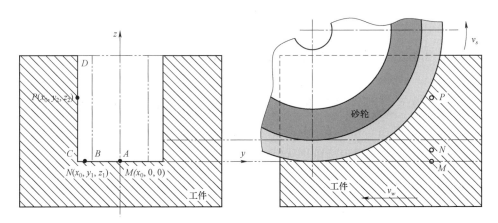

图 5-6　窄深槽磨削温度测点分布

根据磨削基本原理，粗磨加工过程的材料去除余量大，单位时间内产生的磨削热量大，磨削区的热流密度高；半精磨和精磨加工时去除较小的材料加工余量，在磨削区产生相对较小的热流密度[172]。同时，研究发现砂轮磨削时磨屑也带走大量热量[173]，窄深槽的顶刃磨削区去除材料体积最大，磨屑带走热量最多；过渡刃磨削区去除的工件材料较少，磨屑带走少量热量；侧刃磨削区仅去除微量材料，磨屑带走的热量忽略不计，磨粒与工件摩擦产生的热量积聚在磨削区，产生较高磨削温度。因此，窄深槽的 P 点区域经过顶刃磨削区、过渡刃磨削区和侧刃磨削区多点热源耦合作用，磨削温度最高；

M 点区域仅受到顶刃磨削区热源的直接作用，而且磨屑带走大量热量，磨削温度最低；同理可得 N 点区域的磨削温度介于 P 点和 M 点温度之间。

在顶刃磨削区的测温点 M 处，工件材料的热传导系数为 h_{w1} 为[37]

$$h_{w1} = C(k\rho c)_w^{1/2}\left(\frac{v_w}{l_{s1}}\right)^{1/2} \tag{5-38}$$

顶刃磨削区热源引起 M 点温升为 $T_p(x_0,0,0)$，在 M 点处产生的热流密度为 q_{mp} 为

$$q_{mp}=h_{w1}T_p(x_0,\ 0,\ 0) \tag{5-39}$$

过渡刃磨削区热源引起 M 点温升为 $T_r(x_0,0,0)$，在 M 点产生的热流密度 q_{Mr} 为

$$q_{mr}=h_{w2}T_r(x_0,\ 0,\ 0) \tag{5-40}$$

侧刃磨削区热源引起 M 点温升为 $T_s(x_0,0,0)$，在 M 点产生的热流密度 q_{ms} 为

$$q_{ms}=h_{w3}T_s(x_0,\ 0,\ 0) \tag{5-41}$$

在多热源共同加热作用下，窄深槽顶刃磨削区测温点 M 处的热流密度为

$$q_M(x_0,\ 0,\ 0)=q_{mp}+q_{mr}+q_{ms} \tag{5-42}$$

因此，窄深槽顶刃磨削区 M 点的温升为

$$T_M(x_0,\ 0,\ 0)=\frac{q_M(x_0,\ 0,\ 0)}{h_{w1}}$$
$$=T_p(x_0,\ 0,0)+\left(\frac{l_{s1}}{l_{s2}}\right)^{1/2}T_r(x_0,\ 0,\ 0)+\left(\frac{l_{s1}}{l_{s3}}\right)^{1/2}T_s(x_0,\ 0,\ 0) \tag{5-43}$$

同理可得，在过渡刃磨削区测温点 N 处的温升为

$$T_M(x_0,\ y_1,\ z_1)=T_r(x_0,\ y_1,\ z_1)+\left(\frac{l_{s2}}{l_{s1}}\right)^{1/2}T_p(x_0,\ y_1,\ z_1)+\left(\frac{l_{s2}}{l_{s3}}\right)^{1/2}T_s(x_0,\ y_1,\ z_1) \tag{5-44}$$

在侧刃磨削区测温点 P 处的温升为

$$T_p(x_0,\ y_2,\ z_2)=T_s(x_0,\ y_2,\ z_2)+\left(\frac{l_{s3}}{l_{s1}}\right)^{1/2}T_p(x_0,\ y_2,\ z_2)+\left(\frac{l_{s3}}{l_{s2}}\right)^{1/2}T_r(x_0,\ y_2,\ z_2) \tag{5-45}$$

5.5　基于综合热源模型的窄深槽磨削温度场仿真

由于窄深槽结构复杂，很难通过解析方法求得磨削区温度场分布。借助计算机技术的有限元方法是解决复杂工程技术问题的重要手段，本节在窄深槽各磨削区热流密度分布模型的基础上，仿真分析了不同磨削工况的磨削区温度分布特性，并与实验结果比较，验证窄深槽磨削热源分布模型的准确性。

5.5.1　窄深槽磨削温度场仿真热源模型

采用有限元方法研究窄深槽磨削区的温度场，关键是要建立一个与实际磨削情况相符的热源模型。侧刃磨削区热源模型为均匀分布，在窄深槽的顶刃磨削区和过渡刃磨削区，热流密度沿着接触弧线呈抛物线形分布，如图 5-7（a）所示。

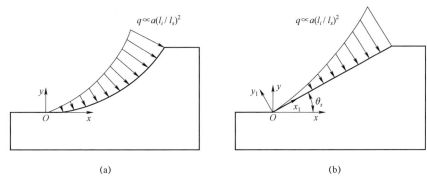

图 5-7　窄深槽磨削区抛物线形热源模型
（a）圆弧面的抛物线形热源分布[170]；（b）斜平面的抛物线形热源分布

众多学者将磨削弧区的圆弧面简化为斜平面，方便磨削理论研究[40]；抛物线形热源在斜平面磨削区的分布如图 5-7（b）所示，斜平面热源沿着 Ox 方向移动，抛物线热源在 x_1Oy_1 坐标系中分布在斜平面磨削区。本文也将磨削区简化为斜平面，斜平面与工件进给方向夹角为

$$\theta_s = \arctan \frac{l_s}{h_g} \qquad (5\text{-}46)$$

窄深槽磨削弧区的实际结构如图 5-8（a）所示，根据 5.4.2 节的简化方法，过渡圆角面被简化为与槽底面结构相同的圆柱面。因此，窄深槽磨削弧区的简化结构如图 5-8（b）所示，槽底面和过渡圆角面都是斜平面，将窄深槽磨削温度仿真热源模型视作在斜平面上分布的抛物线形热源。将窄深槽顶刃磨削区和过渡刃磨削区的平均热流密度 q_{wp} 和 q_{wr} 代入式（5-35），计算得到的抛物线形热流密度分布如图 5-9 所示，而且顶刃磨削区的热流密度高于过渡刃磨削区的热流密度。

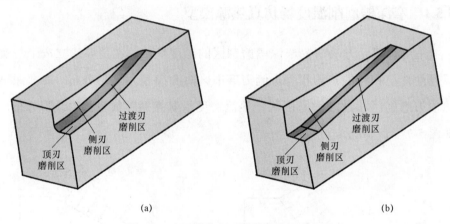

（a）　　　　　　　　　　　　　　　　　　　（b）

图 5-8　窄深槽磨削区结构简化示意图

（a）磨削区实际结构；（b）磨削区简化结构

5.5.2　窄深槽磨削温度场有限元模型

应用 ANSYS Workbench 有限元软件仿真分析窄深槽磨削的瞬态温度场，模型单元类型三维热单元 SOLID90。窄深槽为对称结构，因此只需建立一半模型，模型尺寸为 30 mm×40 mm×60mm，顶刃磨削区宽度为 1.55 mm，过渡刃磨削区宽度为 0.78 mm。磨削仿真研究中，通常将连续的磨削过程离散化，通过设置时间步和子步，在当前时间步热源别加载在斜平面磨削区，而下一个时间步热源施加在被去除材料的斜平面上，并把上一步计算结果作为该次计算的初始条件。窄深槽磨削有限元模型及单元划分结果如图 5-10 所示，模型的单元总数为 85 905，节点总数为 167 836。

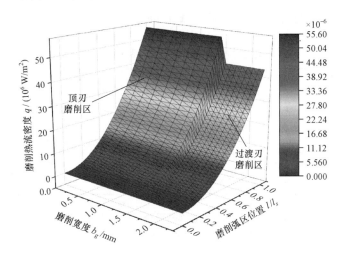

图 5-9　窄深槽磨削区的抛物线形热流密度分布

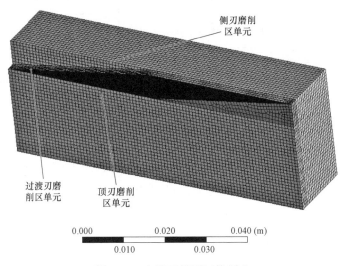

图 5-10　有限元模型网格划分

　　窄深槽磨削温度场仿真的初始条件为工件和环境空气的温度都为 20 ℃。在干磨削时，对流换热系数的范围为 20～100 W/（m² · K），而且研究发现磨削温度场对对流换热系数的微小变化不敏感[174]，对流换热系数从 20 W/（m² · K）增大到 100 W/（m² · K）时，磨削弧最高温度仅降低了 5 ℃。

因此设置工件非磨削表面空气对流换热系数为 100 W/（m² · K）。窄深槽磨削热仿真参数见表 5-2，工件材料为 Inconel 718 镍基高温合金，工件材料的导热系数、比热容和热扩散率随温度升高变化见表 5-3。

表 5-2　窄深槽磨削条件和相关参数

磨削条件	相关参数	磨削条件	相关参数
砂轮直径/mm	250	几何接触长度/mm	45
砂轮线速度/（m/s）	65.4	顶刃磨削区热流密度/（W/m²）	2.71×10^7
工件进给速度/（mm/min）	0.8	过渡刃磨削区热流密度/（W/m²）	2.18×10^7
窄深槽深度/mm	12	侧刃磨削区热流密度/（W/m²）	0.64×10^7
磨削条件/方式	风冷干磨削/逆磨	环境对流换热系数/（W/（m² · K））	100

表 5-3　Inconel 718 镍基高温合金的热物性参数

温度/℃	11	100	200	300	400	500	600	700	800	900	1 000
导热系数/[W/（m · K）]	13.4	14.7	15.9	17.8	18.3	19.6	21.2	22.8	23.6	27.6	30.4
比热容/[J/（kg · K）]	—	450.0	480.0	481.4	493.9	514.8	539.0	573.4	615.3	657.2	707.4
密度/（kg/m³）	8 240										

5.5.3　窄深槽磨削温度分布

磨削热源沿着进给方向移动，引起工件不同位置的磨削温度变化，模拟磨削过程中磨削热引起工件温度升高的过程，依据表 5-2 中仿真参数计算窄深槽磨削温度分布。图 5-11 所示为砂轮线速度 $v_s = 65.4$ m/s，工件进给速度 $v_w = 0.8$ mm/min，窄深槽深度 $h_g = 8$ mm 时，窄深槽磨削仿真过程的第 5 个和第 50 个时间步的磨削温度分布云图，从图中可以看出窄深槽磨削区在第 5 个时间步的最高温度为 116.1 ℃，在开始切出时的最高磨削温度为 321.7 ℃；在磨削的初始阶段，热源在工件的作用时间较短，工件的磨削温度较低；随着磨削时间延长，热源向工件传导热量增多，工件磨削温度升高，窄深槽的最高磨削温度位于工件的切出端。

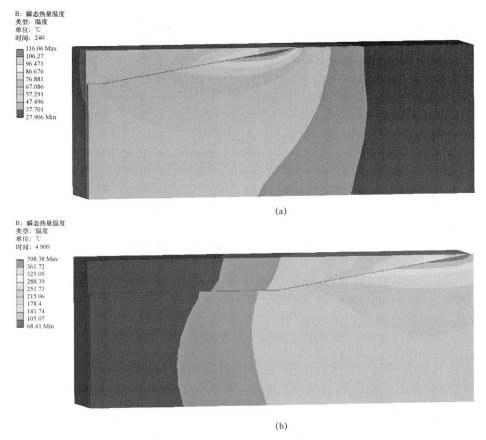

图 5-11　窄深槽磨削区不同时间步的磨削温度分布
（a）第 5 个时间步的磨削温度分布；（b）第 50 个时间步的磨削温度分布

　　距砂轮的切入端 10 mm 处，窄深槽的顶刃磨削区、过渡刃磨削区和侧刃磨削区表面以下 1 mm 处采集节点温度，获得磨削温度的时间历程如图 5-12 所示。随着磨削时间的增大，各磨削区节点处的磨削温度先逐渐增大后逐渐减小。随着热源开始加载到窄深槽模型表面，窄深槽工件的磨削温度升高；同时，热源开始向前进给，逐渐靠近选定节点，节点处的温度快速升高。通过窄深槽不同磨削区的热流密度计算公式，计算不同磨削工艺参数的热流密度，设定窄深槽磨削温度场有限元模型边界条件，进行不同磨削工艺参数下磨削温度的有限元仿真，并与磨削温度实验结果对比，研究磨削温度有限元模型预测精度。

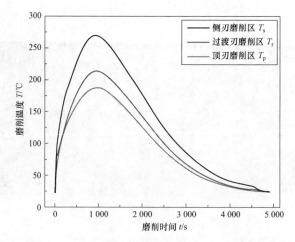

图 5-12　窄深槽磨削温度随磨削时间变化规律

5.5.4　风冷式砂轮磨削窄深槽磨削温度实验

进行风冷式单层 cBN 砂轮磨削窄深槽实验，如图 4-8 所示，采用预埋热电偶的方式测量窄深槽顶刃磨削区、过渡刃磨削区和侧刃磨削区的磨削温度。实验用热电偶为 K 型铠装热电偶，测温范围是 −200～1 000 ℃，热电偶探头直径 1 mm。采用 JY-5008D 数据采集仪实时记录热电偶测量温度，采集仪具有 8 个数据通道，采样频率为 10 Hz，温度采集精度为 0.1 ℃，热电偶安装盲孔直径为 1.5 mm，盲孔底面到磨削表面的距离约为 1 mm，热电偶安装盲孔位置如图 5-13 所示。热电偶探头插入盲孔内，并且探头端部与盲孔底部接触，此时热电偶测量温度近似等于磨削表面温度。同时，为保证热电偶与工件盲孔底面的密切接触，在盲孔内加注导热膏，以提高工件与热电偶之间的导热效率，减少因接触间隙而引起的测量误差。

图 5-14 为风冷式砂轮线速度 $v_s = 65.4$ m/s，工作台进给速度 $v_w = 1.2$ mm/min，窄深槽深度 $h_g = 12$ mm 时，窄深槽磨削区的磨削温度原始信号，窄深顶刃磨削区温度 T_p、过渡刃磨削区温度 T_r 和侧刃磨削区温度 T_s 的最大值分别为 284.0 ℃、214.2 ℃和 1 164.5 ℃。在窄深槽磨削区，槽侧面的磨削温度最高，过渡圆角面次之，槽底面的磨削温度最低。窄深槽不同磨削区磨削温度实验结果与 5.4.2 节的理论分析结果基本一致。

图 5-13　窄深槽磨削区的热电偶位置

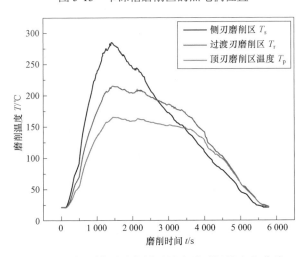

图 5-14　窄深槽不同磨削区温度随时间的变化曲线

　　不同磨削工艺参数下窄深槽各磨削区的磨削温度的实验值和有限元模拟值如图 5-15 所示。图 5-15（a）为工件进给速度 v_w = 1.2 mm/min，窄深槽深度为 h_g = 12 mm 时，不同砂轮线速度的窄深槽各磨削区的磨削温度，从图中可以看出，随着砂轮线速度增大，窄深槽的磨削温度降低。当砂轮线速度 v_s = 65.4 m/s，窄深槽深度为 h_g = 12 mm 时，不同工件进给速度的窄深槽磨削温度如图 5-15（b）所示，随着工件进给速度的增大，窄深槽不同磨削表面的磨削温度逐渐增大。图 5-15（c）所示为砂轮线速度 v_s = 65.4 m/s，工件进

给速度 $v_w = 1.2$ mm/min，窄深槽深度对磨削温度的影响，当窄深槽深度越大时，磨削温度也逐渐增大。窄深槽顶刃磨削区磨削温度的实验值和模拟值误差范围为 8%～22.5%，过渡刃磨削区的磨削温度的实验值和模拟值误差在7%～23.5%之间，而顶刃磨削区的磨削温度误差范围为 9.6%～20%。因此，窄深槽磨削温度场仿真模型的最大误差在 20%～23.5%之间，其中过渡刃磨削区的磨削温度的模拟误差最大。

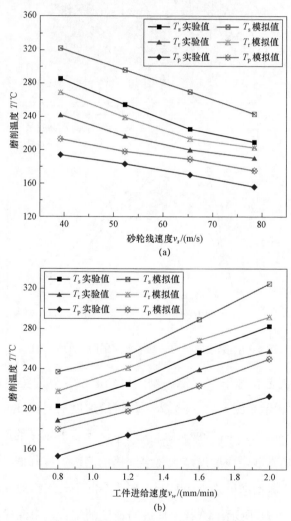

图 5-15　不同磨削工艺参数的窄深槽磨削温度

（a）砂轮线速度对磨削温度影响；（b）工件进给速度对磨削温度影响

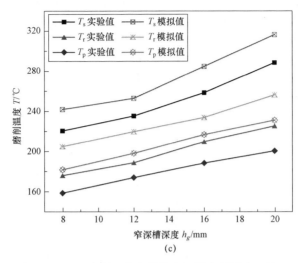

图 5-15　不同磨削工艺参数的窄深槽磨削温度（续）

（c）窄深槽深度对磨削温度影响

随着砂轮线速度增大，磨粒单位时间磨削次数增多，未变形切屑厚度减小，砂轮磨削力减小，单位时间产生热量减少，磨削温度降低。当工件进给速度增大时，磨粒的未变形切屑厚度增大，磨削力增大，引起磨削温度升高。窄深槽深度增大时，砂轮与磨粒的接触弧长增大，砂轮磨粒的磨削行程增大，产生的磨削热增多，窄深槽磨削温度升高。

5.5.5　风冷式砂轮与普通砂轮磨削区温度对比

为进一步研究风冷式砂轮的强化冷却优势，进行相同磨削工艺参数下的风冷式砂轮和普通砂轮的窄深槽磨削温度对比实验。普通砂轮的直径、厚度、磨粒带宽度、磨粒材料及粒径、砂轮基体材料与风冷式砂轮一致，如图 5-16 所示。

砂轮线速度 $v_s = 65.4$ m/s，工件进给速度 $v_w = 1.2$ mm/min，窄深槽深度为 $h_g = 12$ mm，不同砂轮线速度时风冷式砂轮和普通砂轮磨削窄深槽的顶刃磨削区温度如图 5-17 所示。

普通砂轮的磨削温度接近 600 ℃，在冷却不及时的情况下极易发生工件局部烧伤；而风冷式砂轮磨削窄深槽的磨削温度则保持在 300 ℃ 以下，随着砂轮线速度的增大，磨削温度的降低率从 55.6% 增大到 74.3%。因此，风冷式砂轮具有良好的强化窄深槽磨削区冷却效果，磨削温度控制在较低水平，砂轮线速度越高，风冷式砂轮的强化冷却性能越好。

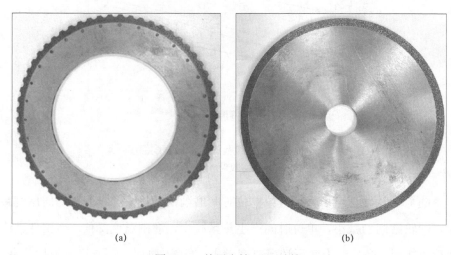

(a)   (b)

图 5-16　单层电镀 cBN 砂轮

（a）风冷式砂轮；（b）普通砂轮

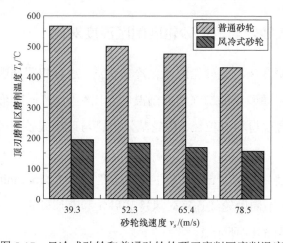

图 5-17　风冷式砂轮和普通砂轮的顶刃磨削区磨削温度

5.6　本章小结

本章基于窄深槽的磨削分区，推导了不同磨削区的磨削热流密度理论公式，建立了风冷式砂轮磨削窄深槽磨削区的强化对流换热模型，在充分考虑冷却空气带走热量的基础上，建立了风冷条件下传入工件的磨削热分配比模型，研究了窄深槽磨削区温度场分布特性。主要研究结论如下：

① 窄深槽的各磨削区产生了不同强度的磨削热流密度，顶刃磨削区的热流密度最大，过渡刃磨削区次之，侧刃磨削区热流密度最小。

② 基于风冷式砂轮的气流流速实验结果，研究了位于磨削区的风冷式砂轮出风口出射气流流速；磨削区内部的出风口气流流速较高，大量空气流经磨削区进行强化冷却。

③ 建立了窄深槽磨削区风冷式强化冷却对流换热模型，推导了风冷条件下传入工件的磨削热分配比理论公式，构建了窄深槽不同磨削区的磨削温度场模型；通过有限元仿真结果与磨削实验结果对比，发现窄深槽磨削区最高温度的模拟值与实验值吻合较好。

④ 多点热源耦合作用下，窄深槽的侧刃区磨削温度最高，过渡刃磨削区的磨削温度次之，顶刃磨削区的磨削温度最低。

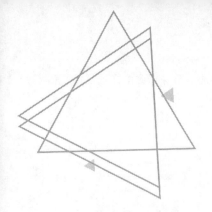

第 6 章　窄深槽磨削表面完整性研究

　　窄深槽磨削表面的完整性对零件工作面的耐磨性和耐腐蚀性有重要影响。工件表面完整性是评价磨削加工质量的重要指标，能够全面地表征磨削表面的微观几何特征和表面层材质特征，主要评价参数有表面形貌、表面粗糙度、表层显微组织、显微硬度和残余应力。本章开展不同磨削工艺参数的镍基高温合金窄深槽磨削表面完整性研究，分析了磨削工艺参数对窄深槽不同磨削区完整性指标的影响。

6.1　窄深槽样件准备

　　在第 4 章完成了不同磨削工艺参数的窄深槽磨削实验，磨削实验装置如图 4-8 所示，窄深槽磨削工艺参数见表 4-1。通过磨削实验获得的不同磨削工艺参数的窄深槽样件如图 6-1 所示，对窄深槽样件开展磨削表面完整性检测实验，分别测量表面形貌、表面粗糙度、表层显微组织、显微硬度和残余应力，研究窄深槽的结构特性以及磨削工艺参数对磨削表面完整性的影响。为便于窄深槽磨削表层特征检测，应用 DK7735 型数控电火花线切割机床将窄深槽样件切开，为适应窄深槽不同位置检测需要，选取如图 6-2 所示的切割平面，通过切面Ⅰ、切面Ⅱ和切面Ⅲ的组合实现样件的灵活切割。窄深槽工件材料为 Inconel 718 镍基高温合金，其力学性能参数见表 6-1。

图 6-1 不同磨削工艺参数窄深槽样件

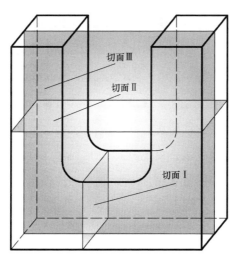

图 6-2 窄深槽样件切割面示意图

表 6-1 Inconel 718 镍基高温合金的力学性能参数

材料	弹性模量 E/GPa	硬度 HRC	拉伸强度 σ_a/MPa	屈服强度 σ_s/MPa	断面收缩率 ψ/%
Inconel 718	220	35	980	590	35

6.2 窄深槽磨削表面形貌及槽侧面粗糙度

采用切面 I 以及其平行切面切割窄深槽样件，切割完的样件用无水酒精进行超声清洗，去除表面污垢及杂质，应用 VEGA3 TESCEN 扫描电镜检测窄深槽不同磨削区的表面形貌，研究窄深槽不同磨削区的形貌特征以及磨削工艺参数对槽侧面表面形貌影响；并用 SM-1000 三维轮廓仪测量磨削表面三维轮廓，用三维轮廓参数表面算术平均高度 Sa 评价磨削表面粗糙度[12]。

6.2.1 窄深槽不同磨削区表面形貌

在砂轮线速度 $v_s = 65.4$ m/s，工件进给速度 $v_w = 1.2$ mm/min，窄深槽深度 $h_g = 12$ mm 时，窄深槽的槽侧面、槽底面和过渡圆角面的表面形貌如图 6-3 所示。图 6-3（a）为窄深槽过渡圆角面表面形貌，沿着向槽侧面靠近的方向（图中黄色箭头方向），过渡圆角面表面划痕逐渐变细密，与槽侧面表面形貌形成较为鲜明的对比；图 6-3（b）为过渡圆角面的表面三维轮廓，从图中可以看出过渡圆角面的划痕隆起高度逐渐减小。图 6-3（c）和 6-3（d）分别为槽侧面表面形貌和表面三维轮廓，磨削表面划痕均匀细密，沟痕较浅，两侧隆起高度较小，槽侧面的表面算数平均高度 $Sa = 0.417$ μm，表面最大高度 $Sz = 4.07$ μm。图 6-3（e）和图 6-3（f）表示槽底面的表面形貌和三维轮廓，槽底面的划痕分布稀疏，沟痕隆起高度较大，槽底面的表面算数平均高度 $Sa = 2.34$ μm，表面最大高度 $Sz = 19.6$ μm，槽底面的表面轮廓参数值约为槽侧面的 5 倍。

对比窄深槽不同磨削区的表面形貌，磨削表面质量由高到低依次为槽侧面、过渡圆角面和槽底面，窄深槽的磨削表面存在明显的分区现象，与前期研究成果[129,140]，以及 4.1 节窄深槽材料去除模型相符。根据 4.2 节窄深槽不同磨削区最大未变形切屑厚度的理论分析结果，砂轮磨粒的未变形切屑厚度从槽底面、过渡圆角面到槽侧面逐级递减；槽底面磨削的未变形切屑厚度最大，因此磨粒在槽底面的划切沟痕深度较大；在过渡圆角面，磨粒的未变形切屑厚度逐渐减小，越靠近槽侧面的位置，磨削沟痕越浅，因此经过砂轮渡刃区磨削过后的槽侧面已经获得了较高质量表面；砂轮侧刃区磨粒继续滑擦槽侧面，去除磨削沟痕的较高隆起部分，可进一步提高槽侧面的表面质量。

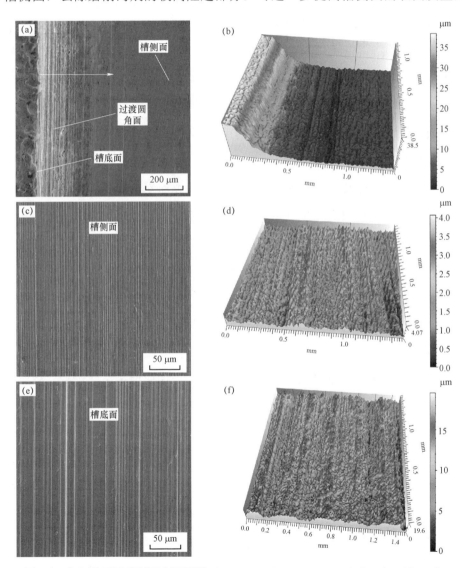

图6-3 窄深槽不同磨削区表面形貌（v_s=65.4 m/s, v_w=1.2 mm/min, h_g=12 mm）

6.2.2　不同磨削工艺参数的窄深槽侧面形貌

图 6-4 为不同磨削工艺参数的窄深槽侧面表面形貌 SEM 图像。在工件进给速度为 $v_w = 1.2$ mm/min，窄深槽深度为 $h_g = 12$ mm，砂轮线速度 v_s 为 39.3，52.3，65.4 和 78.5 m/s 时，窄深槽侧面的表面形貌分别如图 6-4（a）～（d）所示，随着砂轮线速度的增大，窄深槽侧面的沟痕逐渐变细密，沟痕隆起高度逐渐减小。砂轮线速度越高，砂轮单位时间磨削次数增大，相同工件进给速度下的磨削表面沟痕越细密；同时，未变形切屑厚度也减小，沟痕深度变浅，隆起降低。

图 6-4（e）～（h）为砂轮线速度 $v_s = 65.4$ m/s，窄深槽深度 $h_g = 12$ mm 时，工件进给速度 v_w 分别为 0.8，1.2，1.6 和 2 mm/min 的窄深槽侧面表面形貌。当工件进给速度逐渐增大时，槽侧面磨削表面沟痕深度逐渐增大，沟痕分布更加稀疏。这是因为工件进给速度增大引起未变形切屑厚度变大，磨粒切削深度增大，磨削表面沟痕变深；此外，工件进给速度增大，磨粒在相邻磨削周期的划痕间距增大，磨削表面沟痕变稀疏。

砂轮线速度 $v_s = 65.4$ m/s，工件进给速度为 $v_w = 1.2$ mm/min，窄深槽深度 h_g 分别为 8，12，16，和 20 mm 时，窄深槽侧面表面形貌如图 6-4（i）～（l）所示。随着窄深槽深度的增大，槽侧面形貌变化不大，磨削沟痕存在较小程度的深度增大和变稀疏情况。由最大未变形切屑厚度公式可知，窄深槽深度越大，未变形切屑厚度越大，这会引起磨削表面沟痕深度增大，但是这种变化在槽底面区域表现得最为明显；根据窄深槽材料去除机理，沿着工件进给方向，窄深槽材料依次被砂轮顶刃区、过渡刃区和侧刃区磨粒去除；砂轮顶刃区磨粒切削形成的较大深度沟痕，被随后参与磨削的过渡刃和侧刃区磨粒去除，因此槽侧面最终呈现的是砂轮过渡刃和侧刃联合磨削而成的光洁表面。理论上随着窄深槽深度的增大，磨粒在槽侧面滑擦路径变长，引起滑擦痕迹间距增大，槽侧面沟痕变稀疏，但是考虑到缓进给磨削工艺的高砂轮线速度与进给速度比值,窄深槽深度增大引起的沟痕稀疏化程度很小,槽侧面表面形貌变化并不显著。

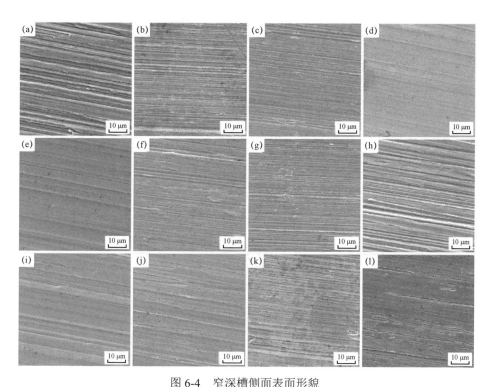

图 6-4 窄深槽侧面表面形貌

(a)～(d)不同砂轮线速度的槽侧面形貌;(e)～(h)不同工件进给速度的槽侧面形貌;
(i)～(l)不同窄深槽深度的槽侧面形貌

6.2.3 窄深槽侧面的表面粗糙度

槽侧面的表面粗糙度对零件的配合状态、耐磨性、抗疲劳性以及振动噪音等有直接影响。较低的槽侧面表面粗糙度能够保证窄深槽结构类零件装配与运行稳定,使其拥有较高的耐磨损和抗疲劳特性。砂轮线速度、工件进给速度和窄深槽深度都会直接影响槽侧面表面粗糙度,两因素相互作用下磨削工艺参数对窄深槽侧面表面层粗糙度的影响如图 6-5 所示。

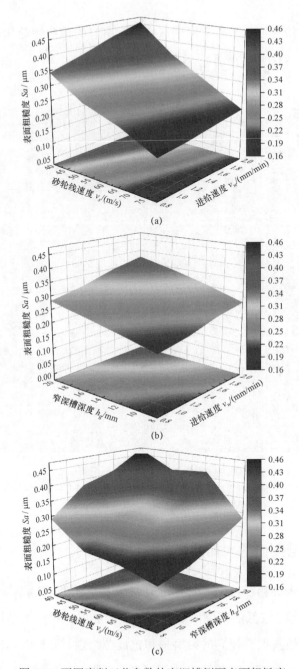

图 6-5　不同磨削工艺参数的窄深槽侧面表面粗糙度

（a）线速度和进给速度对槽侧面粗糙度影响；（b）进给速度和窄深槽深度对槽侧面粗糙度影响；
（c）线速度和窄深槽深度对槽侧面粗糙度影响

　　从图 6-5 中可知，砂轮线速度对表面粗糙度的影响最大，工件进给速度的影响次之，窄深槽深度对表面粗糙度的影响最小。随着砂轮线速度增大，窄深槽表面粗糙度值减小；随着工件进给速度和窄深槽深度增大，槽侧面表面粗糙度值逐渐增大。

　　未变形切屑厚度是影响磨削表面粗糙度的直接因素。随着砂轮线速度增大，砂轮磨粒的未变形切屑厚度减小，磨削沟痕变浅而细密，表面粗糙度值减小；当工件进给速度增大时，槽侧面的磨削沟痕逐渐变稀疏，而且未变形切屑厚度也增大，引起磨削表面粗糙度值增大；且窄深槽深度增大时，砂轮与工件的接触弧长增大，磨粒的未变形切屑厚度增大，磨削沟痕深度和沟痕两侧隆起增大，表面粗糙度值增大。因此，采用高转速、低进给速度的磨削工艺参数能够获得低粗糙度值的窄深槽磨削表面。

6.3　窄深槽不同磨削面的表层显微组织

　　以切面Ⅲ切割窄深槽样件，样件完成镶样后，抛磨、抛光窄深槽截面切割表面，并用腐蚀液腐蚀样件抛光表面，腐蚀液配比为 10 gCuSO$_4$+100 mlHCl+100 mlC$_2$H$_5$OH，腐蚀时间为 30 s，腐蚀完成后在扫描电镜下观察窄深槽磨削面的表层显微组织。

　　Inconel 718 合金由 γ 晶粒组成，晶界上分布有短棒状或针钉状 δ 相、NbC 和 TiN 等夹杂物，起骨架强化作用；γ 晶粒内弥散分布着 γ' 相和 γ'' 相，起主要强化作用[175]。图 6-6 为实验用 Inconel 718 合金的初始显微组织，以晶界平直的 γ 晶粒为主，晶粒形态为等轴晶，晶粒分布均匀；晶粒内部的孔洞为腐蚀掉的 γ' 相[176]（图中箭头指示）。

　　砂轮线速度 v_s=65.4 m/s，工件进给速度 v_w=1.2 mm/min，窄深槽深度 h_g=12 mm 时，窄深槽的磨削表层显微组织结构如图 6-7 所示。图 6-7（a）～（c）为窄深槽垂直于磨削方向截面上的槽底面、过渡圆角面以及槽侧面的表层微

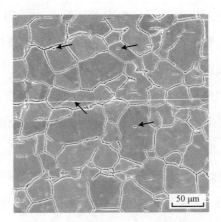

图 6-6　Inconel 718 合金显微组织

观组织。从图 6-7（a）中可以发现窄深槽底面的表层组织发生了剧烈的塑性变形，晶界模糊，越靠近磨削表面塑性变形程度越高，样件的等轴晶晶粒被挤压成扁平状，而且细化晶粒数量增多，形成与基体不同的变质层。图 6-7（b）为过渡圆角区域的材料表层显微组织，塑性变形晶粒零散分布于过渡圆角面表层；越靠近槽侧面，变形层厚度也逐渐减小，变形晶粒数量和变形程度都逐渐降低，工件材料以穿晶断裂的形式去除。图 6-7（c）为窄深槽侧面的亚表层金相组织，材料以穿晶断裂的方式被去除，晶粒的穿晶断裂面形状规则，未发生明显的塑性变形，晶粒依然为等轴晶形状，磨削表层材料性能与初始状态接近[177]。

　　为进一步确认窄深槽磨削表面变质层的组织塑性变形，沿磨削方向切割样件，各磨削区的切割面均与磨削表面垂直，窄深槽不同磨削区沿着磨削方向的亚表层金相显微组织如图 6-7（d）～（f）所示。窄深槽底面的变质层塑性变形晶粒沿着磨削方向偏转变形，晶粒被拉长；因此结合图 6-7（a）可以确定靠近磨削表面位置的晶粒，在磨粒的挤压和切削作用下产生塑性变形，由等轴晶转变为扁平的条状晶粒，晶界不明显。变质层内的条状晶粒表现为各向异性，在垂直于磨削表面方向上，槽底面材料的强度和耐磨性增大，对提高窄深槽结构类零件的寿命和可靠性有积极作用。图 6-7（e）为窄深槽过渡圆角面沿磨削方向的亚表层组织结构，仅靠近磨削表面的晶粒发生轻微变形。图 6-7（f）所示的窄深槽侧面仅少数晶粒发生轻微塑性变形，在两个方向截面上晶粒形貌类似。

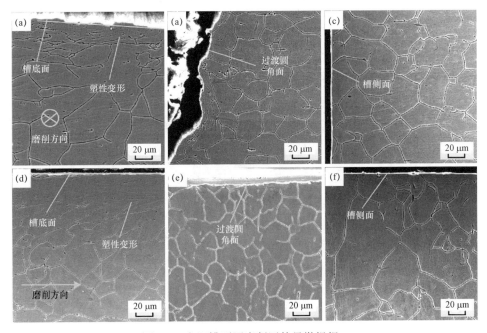

图 6-7　窄深槽不同磨削区的显微组织

（a）～（c）窄深槽垂直于磨削方向截面显微组织；（d）～（f）窄深槽平行于磨削方向截面显微组织

因此，窄深槽底面材料的塑性变形最为剧烈，砂轮磨粒去除槽底面工件材料先后经过滑擦、耕犁和切削过程，磨粒与磨削面金属材料相互作用，会在表层产生塑性变形，而最大塑性变形一般发生在磨削力最大的区域[12]。根据第四章所述的窄深槽磨削材料去除机理，窄深槽底面的未变形切屑厚度最大，砂轮的磨削力也最大，因而材料产生了剧烈的塑性变形。在窄深槽的过渡圆角面，砂轮不同位置磨粒的磨削力逐渐减小，过渡圆角面的塑性变形层厚度逐渐减弱。在窄深槽侧面，磨削力以沿着磨削表面的摩擦力为主，法向磨削力很小，因此在槽侧面区几乎观察不到塑性变形组织。

6.4　窄深槽不同磨削面的表层显微硬度

以切面Ⅲ切割窄深槽样件，将样件镶嵌后进行抛磨、抛光处理，应用 HMV-G21ST 显微硬度仪测量窄深槽底面、过渡圆角面和槽侧面距离磨削表面不同位置的显微硬度，检测载荷为 HV0.05（490.3 mN），不同位置的硬度结果都是 3 次测量的平均值，以确保测量精度；距磨削表面深度的测量点间距为 5 μm，取点方法如图 6-8 所示。

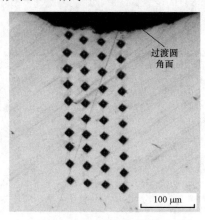

图 6-8　窄深槽的显微硬度测量位置

6.4.1　窄深槽各磨削区表面显微硬度

根据上一节的研究结果，窄深槽底面表层发生剧烈的塑性变形，底面材料内部产生大量位错，随着位错以及亚晶界等缺陷相互作用，引发位错堆积，表层材料位错能增加，造成变形抗力增大，在槽底面产生加工硬化。工件加工表面硬化程度受到加工硬化和高温软化两种机制的共同作用，当磨削温度低于金属再结晶温度时，位错能增大，变形程度越大，表层硬化程度越高；当磨削温度超过再结晶温度时，软化程度增大，硬化程度降低。

图 6-9 为砂轮线速度 $v_s = 65.4$ m/s，工件进给速度 $v_w = 1.2$ mm/min，窄深

槽深度 $h_g = 12$ mm 时，窄深槽侧面、过渡圆角面和槽底面表层的显微硬度变化规律。从图中可知，发生塑性变形的槽底面和过渡圆角面产生了明显的加工硬化现象，随着测量点距磨削表面的距离增大，显微硬度逐渐减小，最后达到并维持在工件的基体硬度（约 350 $HV_{0.05}$）；在窄深槽侧面，由于表层材料几乎没有塑性变形产生，在距表层不同深度处的显微硬度值近似于工件材料的基体硬度，未发生加工硬化。由第四章的磨削温度测量结果可知，窄深槽磨削温度低于 Inconel 718 的再结晶温度，未发生高温软化现象，窄深槽底面和过渡圆角面主要发生冷作硬化。

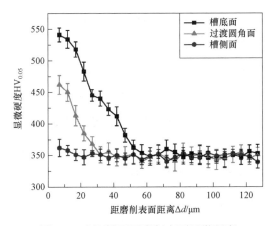

图 6-9 窄深槽不同磨削表面显微硬度

6.4.2 磨削工艺参数对槽底面变质层硬化程度影响

图 6-10 为不同磨削工艺参数的窄深槽底面显微硬度变化曲线，显微硬度降低到基体硬度值的表层深度即为硬化层深度。在工件进给速度为 1.2 mm/min，窄深槽深度为 12 mm 时，不同砂轮线速度对窄深槽底面变质层显微硬度影响曲线如图 6-10（a）所示。随着砂轮线速度增大，变质层的最高硬度值 $HV_{0.05}$ 从 563 逐渐降低到 529，变质层厚度从 72 μm 降低到 50 μm。当砂轮线速度增大时，砂轮磨粒的未变形切屑厚度减小，磨削力减小，窄深槽底面的塑性变形减小，变质层的冷作硬化减小，因此显微硬度和变质层厚

度均减小。

图 6-10（b）表示砂轮线速度 v_s = 65.4 m/s，窄深槽深度 h_g = 12 mm 时，工件进给速度对窄深槽变质层硬化程度的影响，从图中可知，工件进给速度越大，窄深槽底面变质层的最大显微硬度和变质层深度越大；工件进给速度在 0.8～2.0 mm/min 范围内，最大显微硬度值 $HV_{0.05}$ 从 520 增大到 567，变质层深度从 42 μm 增大到 65 μm。随着工件进给速度增大，磨粒的未变形切屑厚度逐渐增大，砂轮磨削力增大，引起窄深槽底面塑性变形和冷作硬化增大，因此变质层的深度增大，显微硬度增大。

在砂轮线速度 v_s = 65.4 m/s，工件进给速度 v_w = 1.2 mm/min，窄深槽深度从 8 mm 增大到 20 mm 时，窄深槽底面变质层的显微硬度变化曲线如图 6-10（c）所示。随着窄深槽深度的增大，窄深槽底面变质层的深度和最大显微硬度略微增大。通常情况下窄深槽深度越大，砂轮接触弧长增大，引起未变形切屑厚度增大。但是由于受到工件进给方向长度尺寸限制，砂轮磨削深度在未达到窄深槽深度即开始切出工件（4.1.3 节），砂轮与工件接触弧长随之减小，因此导致砂轮磨粒的未变形切屑厚度和磨削力也较为接近，窄深槽深度对槽底面变质层的影响不大。

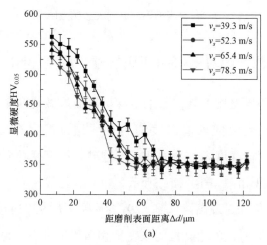

图 6-10　不同磨削工艺参数的槽底面显微硬度

（a）砂轮线速度对槽底面显微硬度影响

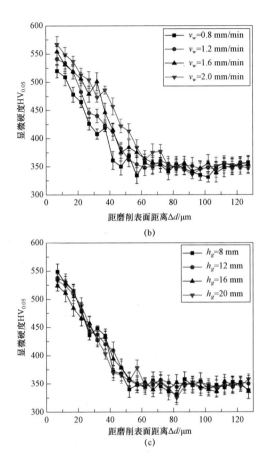

图 6-10 不同磨削工艺参数的槽底面显微硬度（续）

（b）工件进给速度对槽底面显微硬度影响；（c）窄深槽深度对槽底面显微硬度影响

　　磨削表面硬化层虽然提高了零件表面硬度，但是表层材料的脆性也随之增大，容易导致裂纹产生和扩展，降低机械零件的抗疲劳强度和耐磨性。作为窄深槽主要工作面的槽侧面并未发生硬化现象，表层材料性能几乎与材料的初始态性能接近，保证了窄深槽结构类零件的工作性能和使用寿命。

6.5 窄深槽磨削表面残余应力

　　磨削表面的不均匀塑性变形是残余应力产生的根本原因，通常残余压应力增大了零件表层材料的位错能，提高了机械零件的疲劳强度、抗腐蚀性。

残余应力是评价窄深槽磨削表面完整性的重要指标之一，研究窄深槽各磨削区残余应力特性，分析磨削工艺参数对残余应力影响，提高窄深槽结构类零件的使用寿命和可靠性有重要意义。

6.5.1 磨削表面残余应力检测

应用 TD-3600 型 X 射线衍射仪测量窄深槽侧面和底面沿磨削进给方向的残余应力，如图 6-11 所示。样件经数控电火花线切割机床切割到合适尺

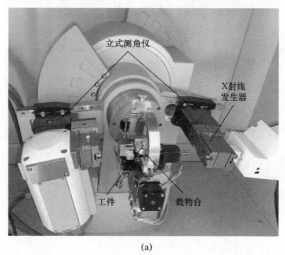

(a)

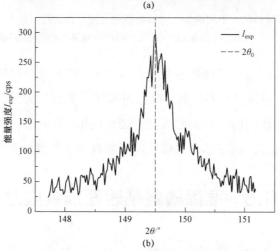

(b)

图 6-11　X 射线衍射仪及测量结果

（a）X 射线衍射仪；（b）样件的衍射峰

寸后安装到载物台上，采用 $\sin^2\psi$ 方法计算工件残余应力。为消除测量误差，通过调整样件位置，每个样件进行 3 次测量，以测量结果平均值作为最终的残余应力，测量相关参数见表 6-2。

表 6-2　残余应力测量参数

参数	参数值	参数	参数值
整机额定功率	5 kW	Ψ 角度	0°，15°，30°，45°
管电压设定	35 kW	X 射线	Cu-K-Alpha
管电流设定	25 mA	衍射晶面	{311}
θ 角测量精度	≤0.005°	$2\theta_0$ 角	149.5°

6.5.2　窄深槽侧面和底面的磨削残余应力

图 6-12 为不同磨削工艺参数下窄深槽侧面和底面沿着磨削进给方向的残余应力，测量结果表明窄深槽侧面和底面的表面残余应力皆为残余压应力，槽底面沿着磨削进给方向的残余应力变化范围为 $-351.5\sim-115.8$ MPa，而槽侧面的残余应力的变动范围为 $-29\sim-71$ MPa，槽底面的残余压应力值高于槽侧面。窄深槽磨削表面产生的残余压应力对提高工件表面的耐腐蚀特性和抗疲劳强度有积极作用。图 6-12（a）是工件进给速度 $v_w=1.2$ mm/min，窄深槽深度 $h_g=12$ mm，砂轮线速度不同时的槽侧面和槽底面的残余应力，随着砂轮线速度增大，残余压应力值逐渐增大。当砂轮线速度 $v_s=65.4$ m/s，窄深槽深度 $h_g=12$ mm 时，不同工件进给速度的窄深槽侧面和底面的残余应力如图 6-12（b）所示，随着工件进给速度逐渐增大，窄深槽侧面和槽底面的残余压应力值逐渐减小。由图 6-12（c）可知，不同窄深槽深度下，当砂轮线速度 $v_s=65.4$ m/s，工件进给速度 $v_w=1.2$ mm/min 时，侧面和底面残余应力值随窄深槽深度的增大而逐渐减小。

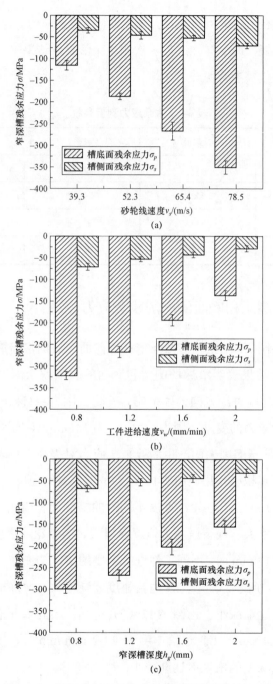

图6-12　不同磨削参数的窄深槽磨削面的残余应力

（a）砂轮线速度对残余应力影响；（b）工件进给速度对残余应力影响；（c）窄深槽深度对残余应力影响

　　磨削过程中产生残余应力的原因是磨削热膨胀和收缩、磨粒切削作用和工件表层材料相变引起工件表层的不均匀塑性变形[3]。由第五章的磨削温度实验可知窄深槽磨削区的温度低于 200 ℃，因此磨削热膨胀和收缩引起的残余应力极小；较低的磨削表层温度也不足以引起工件材料的相变。因此，砂轮与工件之间的相互作用是窄深槽磨削表面残余应力产生的主要原因。砂轮磨削时，磨粒对周围工件材料产生很高的磨削压力，工件材料在高应力作用下发生塑性变形，最终被去除。磨粒通常具有较大的负前角，对磨削表面有较强的光整作用，磨削表面施加了较高的机械应力，引起窄深槽磨削表面形成残余压应力。随着磨粒切削深度增大，磨粒的切削作用增强，相应的光整作用减弱，因此会引起磨削表面残余压应力数值减小。

　　这很好地解释了磨削工艺参数对残余压应力的影响规律，随着砂轮线速度增大，未变形切屑厚度减小，磨粒的实际切削深度减小，磨粒切削过程中光整作用增强，残余压应力值增大；随着工件进给速度和窄深槽深度的增大，未变形切屑厚度增大，磨粒的切削作用增强，引起残余压应力值的减小。根据窄深槽磨削材料去除机理，槽侧面先后经历了砂轮顶刃区磨粒、过渡刃区磨粒的切削作用，最后经历侧刃区磨粒的循环滑擦作用。虽然顶刃区磨粒切削作用会引起砂轮前方材料的塑性变形并产生残余压应力，但是随着工件进给而又被去除，最终只在槽底面存留较大残余压应力的磨削表面。槽侧面在磨粒循环滑擦作用下产生较小的残余压应力。

6.6　本章小结

　　本章对不同磨削工艺参数下 Inconel 718 镍基高温合金窄深槽的表面完整性开展研究，分析了磨削工艺参数对槽侧面表面形貌、表面粗糙度、表层显微组织、显微硬度及表面残余应力的影响，主要获得以下结论：

① 窄深槽磨削表面存在梯度过渡的表面形貌特征，窄深槽底面的沟痕深而稀疏，槽侧面的表面沟痕浅而密集，过渡圆角面的磨削沟痕表现为由深到浅、由疏到密的过渡形貌特征；槽底面的表面粗糙度值 Sa 和 Sz 是槽侧面表面粗糙度值的 5 倍左右；窄深槽各磨削区的未变形切屑厚度差异是梯度过渡形貌特征形成的主要原因。在保证磨削材料去除率的前提下，提高砂轮线速度有利于获得高质量磨削表面。

② 窄深槽底面产生了明显的塑性变形层，表层晶粒沿着磨削方向被拉长；在窄深槽过渡圆角面，塑性变形层深度越靠近槽侧面越小，在槽侧面表层晶粒仅发生轻微变形。窄深槽的加工硬化层主要分布在槽底面和过渡圆角面，槽侧面的显微硬度近似等于工件材料的初始态硬度。工件材料发生塑性变形后表现为各向异性，引起表层材料硬度增大。槽侧面是窄深槽结构类零件的主要工作面，磨削加工后保持了材料的初始材料性能，这一特性证明了缓进给磨削工艺在窄深槽结构类零件加工方面的优越性。

③ 窄深槽磨削表面在磨粒光整作用下产生残余压应力，槽底面的残余压应力值高于槽侧面的残余压应力值。槽底面和槽侧面材料去除机理不同是形成残余压应力值差异的主要原因。随着砂轮线速度增大以及工件进给速度和窄深槽深度减小，磨粒的光整作用增强，引起残余压应力值增大。

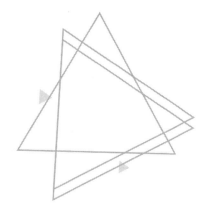

第 7 章　总结与展望

7.1　本书主要研究工作

窄深槽缓进给磨削过程中，半封闭的磨削区引起外部供给磨削液难以进入，磨削区的少量磨削液沸腾产生的气膜层阻碍磨削热传导，引起磨削区砂轮与工件的局部烧伤。因此，本文开展了窄深槽磨削风冷式强化换热关键技术与理论研究，分析了窄深槽磨削时砂轮的磨损特性，设计了一种风冷式砂轮，分析了砂轮的气流场特性，研究了窄深槽磨削分区的材料去除机理，建立了基于风冷式强化换热的窄深槽磨削区温度模型，研究了窄深槽磨削表面完整性。本书的主要研究工作如下：

① 研究了砂轮的形貌特征和磨损特性，电镀制备的砂轮表面磨粒面积百分比浓度合理，磨粒横向分布均匀性较好，砂轮磨粒出刃高度纵向分布差异较小，砂轮具有良好的磨削性能。砂轮磨损分为初始磨损阶段、稳定磨损阶段和剧烈磨损阶段，砂轮稳定磨损阶段占有效寿命周期的 84.6%；过渡刃区磨粒由于受到交变载荷作用，产生严重断裂磨损；在磨粒带内缘区域产生磨粒脱落集中现象；砂轮顶刃区和侧刃区中部的磨损形式为微裂纹、磨耗磨损和磨粒脱落。cBN 磨粒的主要磨损形式是磨耗和解理断裂，较大磨削力在磨粒磨损平台表面或磨粒侧面诱发解理裂纹，裂纹扩展生成解理断裂；砂轮

镀层磨损形式有镀层表面划痕、磨粒-镀层结合面断裂、镀层位移、镀层裂纹等，砂轮镀层磨损降低了磨粒把持强度，是引起磨粒脱落的主要原因；砂轮镀层中产生的过渡层降低了镀层与基体结合强度，导致部分镀层被剥离或翘曲变形；砂轮的局部烧伤始发于工件材料黏附堵塞的顶刃区域。

② 深入分析了窄深槽结构冷却困难而引发烧伤的原因，设计了一种风冷式砂轮；基于离心式导风轮工作原理，设计了具有抛物线形叶片的导风轮结构，构建了砂轮基体内部的无冲击气流道结构，完成砂轮基体的分体式设计。完成了风冷式砂轮的内部流道气流场和砂轮外部气流场特性实验，烟线流动显像实验结果表明环境空气自砂轮入风口进入内部流道，最终从出风口沿径向射出，风冷式砂轮设计构想合理；风冷式砂轮的轴向气流场沿砂轮厚度对称面对称分布，与无风冷砂轮相比，风冷式砂轮的出风口气流流速提高约 35.2%，能较高效地将环境空气输送到磨削区；随着导风轮开口度和砂轮线速度增大，风冷式砂轮出风口处的气流流速和单位压力逐渐增大。

③ 阐明了窄深槽磨削的材料去除机理，建立了基于单颗磨粒磨削力的窄深槽各磨削区的磨削力模型，结合接触弧长和槽侧面接触面积变化规律，建立了窄深槽基于磨削分区的总磨削力模型。研究结果表明，窄深槽侧刃磨削区的工件材料先后由砂轮的顶刃、过渡刃和侧刃顺序去除；过渡刃磨削区的材料则由砂轮的顶刃和过渡刃去除；窄深槽的顶刃磨削区只经历了砂轮顶刃的磨削过程。在窄深槽的截面上，顶刃磨削区磨粒切削深度基本相等，过渡刃磨削区磨粒的切削深度沿着靠近侧刃区的方向逐渐减小，磨粒在侧刃磨削区仅滑擦槽侧面或微切削表面沟痕的较高隆起部分；不同磨削区磨粒切削深度差异是表面梯度过渡形貌特征产生的根本原因；随着工件进给速度和窄深槽深度的增大，窄深槽的材料去除率逐渐增大；材料去除率对工件进给速度变化的敏感度更大，工件进给速度是影响材料去除率的主要因素。数值计算和磨削力实验结果表明，磨削力模型能准确预测窄深槽缓进给磨削时磨削力的变化趋势，而且磨削力的计算值与实验值的误差小于 10%，具有较高的预测精度。

④ 窄深槽的不同磨削区产生了不同强度的磨削热流密度，顶刃磨削区的热流密度最大，过渡刃磨削区次之，侧刃磨削区热流密度最小；基于风冷式砂轮的气流流速实验结果，研究了位于磨削区的风冷式砂轮出风口出射气流流速；磨削区内部的出风口气流流速较高，大量空气流经磨削区进行强化冷却；建立了窄深槽磨削区风冷式强化冷却对流换热模型，推导了风冷条件下传入工件的磨削热分配比理论公式，构建了窄深槽不同磨削区的磨削温度场模型；通过有限元仿真结果与磨削实验结果对比，发现窄深槽磨削区最高温度的计算值与实验值吻合较好。多点热源耦合作用下，窄深槽的侧刃区磨削温度最高，过渡刃磨削区的磨削温度次之，顶刃磨削区的磨削温度最低。

⑤ 分析了磨削工艺参数对窄深槽磨削表面完整性的影响。窄深槽磨削表面存在梯度过渡的表面形貌特征，从槽底面到过渡圆角面再到槽侧面，磨削表面沟痕由深而稀疏逐步过渡为浅而密集，表面粗糙度值也显著降低；窄深槽底面产生了明显的塑性变形层，表层晶粒沿着磨削方向被拉长，过渡圆角面的塑性变形层深度逐渐减小，在槽侧面表层晶粒仅发生轻微变形；窄深槽的加工硬化层主要分布在槽底面和过渡圆角面，槽侧面的显微硬度近似等于工件材料的初始态硬度。窄深槽磨削表面在磨粒光整作用下产生残余压应力，槽底面的残余压应力值高于槽侧面，随着砂轮线速度增大以及工件进给速度和窄深槽深度减小，残余压应力值增大。

7.2 研究工作的主要创新点

① 设计了一种风冷式超硬磨料开槽砂轮，实现环境空气经由砂轮气流道直接输送到窄深槽磨削区进行强化冷却，避免了液态薄膜沸腾效应，为减轻半封闭磨削区磨削烧伤问题提供了一种可行的技术途径。

② 建立了不同磨削区的磨削力模型，阐明了窄深槽磨削分区的材料去除机理；构建了风冷条件下传入工件的磨削热分配比模型和基于窄深槽磨削

分区的磨削综合热源模型，分析得到了窄深槽磨削温度分布规律。

③ 分析了砂轮表面磨损的分布特性、砂轮的磨粒磨损和镀层磨损形式，阐明了砂轮不同刃区的磨损形貌演化过程，揭示了窄深槽磨削时砂轮的不均匀磨损机理。

7.3 课题研究工作展望

本书对风冷式砂轮磨削窄深槽过程中的强化换热技术与理论开展研究，取得了一些研究成果，但研究过程中还存在诸多问题需要进一步深入研究，下一步的研究工作可以从以下几个方面展开：

① 继续开发风冷式砂轮的强化冷却潜力，本书只研究了应用环境空气作为冷却介质的强化冷却的性能；低温冷气、气液混合的纳米流体喷雾等同样可以经风冷式砂轮的气流道到达窄深槽磨削区，而且具有较强的换热性能，因此接下来可以研究其他适用于风冷式砂轮的冷却介质的强化冷却性能。

② 本书主要研究了风冷式砂轮的外部气流场分布特性，但是砂轮内部流道的气流场对冷却空气输送效率和强化冷却效率有重要影响，对砂轮流道结构优化具有指导意义，因此下一步研究工作可以围绕风冷式砂轮的内部流道气流场展开。

③ 继续开展不同材料窄深槽缓进给磨削工艺研究，针对不同磨削区塑性变形差异，研究窄深槽不同磨削区的耐磨损特性和耐腐蚀特性。

参考文献

［1］ 段力，姬中林，翁昊天，等. 涡轮导叶片表面 MEMS 高温测量技术［J］. 航空制造技术，2020，63（5）：62-67.

［2］ 孙超，张国军，尹佳超. GH4169 镍基高温合金砂带磨削表面完整性分析［J］. 金刚石与磨料磨具工程，2016，36（1）：74-78.

［3］ DING W F，XU J H，CHEN Z Z，et al. Grindability and surface integrity of cast nickel-based superalloy in creep feed grinding with brazed CBN abrasive wheels［J］. Chinese Journal of Aeronautics，2010，23（4）：501-510.

［4］ 梁国星，李光，韩阳，等. 窄深槽缓进给干式磨削的试验研究［J］. 太原理工大学学报，2017，48（5）：778-782.

［5］ SOO S L，HOOD R，LANNETTE M，et al. Creep feed grinding of burn-resistant titanium（BuRTi）using superabrasive wheels［J］. International Journal of Advanced Manufacturing and Technology，2011，53（9-12）：1019-1026.

［6］ DANG J Q，ZANG H，AN Q L，et al. Feasibility study of creep feed grinding of 300M steel with zirconium corundum wheel［J］. Chinese Journal of Aeronautics，2022，35（3）：565-578.

［7］ 杨忠学，张帅奇，张强. IC10 定向凝固高温合金缓进给磨削表面完整性研究［J］. 航空制造技术，2019，62（6）：62-70.

［8］ CAO Y，YIN J F，DING W F，et al. Alumina abrasive wheel wear in ultrasonic vibration-assisted creep-feed grinding of Inconel 718 nickel-based superalloy［J］. Journal of Materials Processing Technology，2021，297：117241.

［9］ 李伟凡，吕玉山，赵国伟，等. 磨粒有序排布电镀砂轮缓进给磨削力的仿真研究［J］. 机械制造，2017，55（1）：17-20，24.

［10］ MIAO Q, DING W F, GU Y L, et al. Comparative investigation on wear behavior of brown alumina and microcrystalline alumina abrasive wheels during creep feed grinding of different nickel-based superalloys［J］. Wear，2019，426-427：1624-1634.

［11］ 何坚，余杰，戴晨伟，等. 微晶刚玉砂轮缓进给磨削镍基高温合金GH4169及花键研究［J］. 金刚石与磨料磨具工程，2016，36（5）：26-31.

［12］ MIAO Q，DING W F，KUANG W J，et al. Grinding force and surface quality in creep feed profile grinding of turbine blade root of nickel-based superalloy with microcrystalline alumina abrasive wheels［J］. Chinese Journal of Aeronautics，2021，34（2）：576-585.

［13］ MIAO Q, DING W F, KUANG W J, et al. Tool wear behavior of vitrified microcrystalline alumina wheels in creep feed profile grinding of turbine blade root of single crystal nickel-based superalloy［J］. Tribology International，2020，145：106144.

［14］ KUANG W J，MIAO Q，DING W F，et al. Residual stresses of turbine blade root produced by creep-feed profile grinding：Three-dimensional simulation based on workpiece-grain interaction and experimental verification［J］. Journal Manufacturing Process，2021，62：67-79.

［15］ MIAO Q，LI H N，DING W F. On the temperature field in the creep feed grinding of turbine blade root：Simulation and experiments［J］. International Journal of Heat and Mass Transfer，2020，147：118957.

[16] ZHAO Z C，FU Y C，XU J H，et al. An investigation on high-efficiency profile grinding of directional solidified nickel-based superalloys DZ125 with electroplated CBN wheel［J］. The International Journal of Advanced Manufacturing Technology，2016，83：1-11.

[17] ASPINWALL D K，SOO S L，CURTIS D T，et al. Profiled superabrasive grinding wheels for the machining of a nickel based superalloy［J］. CIRP Annals，2007，56（1）：335-338.

[18] 钱源，徐九华，傅玉灿，等. cBN 砂轮高速磨削镍基高温合金磨削力与比磨削能研究［J］. 金刚石与磨料磨具工程，2011，31（6）：33-37.

[19] DING W F，LIINKE B，ZHU Y J，et al. Review on monolayer CBN superabrasive wheels for grinding metallic materials［J］. Chinese Journal of Aeronautics，2017，30（1）：109-134.

[20] PAL B，CHATTOPADHYAY A K，CHATTOPADHYAY A B. Development and performance evaluation of monolayer brazed cBN grinding wheel on bearing steel［J］. International Journal of Advanced Manufacturing and Technology，2010，48（9-12）：935-944.

[21] 马爽，李勋，苏帅. 电镀砂轮磨损对 GH4169 磨削表面完整性的影响［J］. 航空制造技术，2017（Z1）：74-78.

[22] SHI Z D，ATTIA H. High performance grinding of titanium alloys with electroplated diamond wheels［J］. Procedia CIRP，2021，101：178-181.

[23] NAIK D N，MATHEW N T，VIJAYARAGHAVAN L. Wear of electroplated super abrasive CBN wheel during grinding of inconel 718 super alloy［J］. Journal of Manufacturing Processes，2019，43：1-8.

[24] UPADHYAYA R P，FIECOAT J H，MALKIN S. Factors affecting grinding performance with electroplated CBN wheels［J］. CIRP Annals-Manufacturing Technology，2007，56（1）：339-342.

[25] ZHAO Z C, FU Y C, XU J H, et al. Behavior and quantitative characterization of CBN wheel wear in high-speed grinding of nickel-based superalloy [J]. International Journal of Advanced Manufacturing and Technology, 2016, 87 (9-12): 3545-3555.

[26] YU T Y, BASTAWROS A F, CHANDRA A. Experimental and modeling characterization of wear and life expectancy of electroplated CBN grinding wheels [J]. International Journal of Machine Tools and Manufacture, 2017, 121: 70-80.

[27] NASKAR A, CHOUDHARY A, PAUL S. Wear mechanism in high-speed superabrasive grinding of titanium alloy and its effect on surface integrity [J]. Wear, 2020, 462: 203475.

[28] BRACH K, PAI D M, RATTERMAN E, et al. Grinding forces and energy [J]. Journal of Engineering for Industry, 1988, 110 (1): 25-31.

[29] WERNER G. Influence of work material on grinding forces [J]. Annals of CIRP, 1978, 27: 243-248.

[30] LI L C, FU J Z, PEKLENIK J. A study of grinding force mathematical model [J]. CIRP Annals, 1980, 29 (1): 245-249.

[31] CHANG H C, WANG J J J. A stochastic grinding force model considering random grit distribution [J]. International Journal of Machine Tools and Manufacture, 2008, 48 (12-13): 1335-1344.

[32] TANG J Y, DU J, CHEN Y P. Modeling and experimental study of grinding forces in surface grinding [J]. Journal of Materials Processing Technology, 2009, 209 (6): 2847-2854.

[33] DURGUMAHANTI U S P, SINGH V, P. RAO P V. A New Model for Grinding Force Prediction and Analysis [J]. International Journal of Machine Tools and Manufacture, 2010, 50 (3): 231-240.

[34] WANG D X, GE P Q, BI W B, et al. Grain trajectory and grain workpiece

contact analyses for modeling of grinding force and energy partition [J]. International Journal of Advanced Manufacturing and Technology，2014，70（9-12）：2111-2123.

［35］ JAEGER J C. Moving sources of heat and the temperature at sliding contacts [J]. Proceedings of the Royal Society，1942，76：203-224.

［36］ 贝季瑶. 磨削温度的分析与研究 [J]. 上海交通大学学报，1964，（3）：55-71.

［37］ ROWE W B. Thermal analysis of high efficiency deep grinding [J]. International Journal of Machine Tools and Manufacture，2001，41（1）：1-19.

［38］ JIN T，W BRIAN R，DAVID M C. Temperatures in deep grinding of finite workpieces[J]. International Journal of Machine Tools and Manufacture，2002，42（1）：53-59.

［39］ 夏启龙，周志雄，黄向明，等. 平面磨削热源模型的仿真与比较研究 [J]. 计算机仿真，2010，27（1）：297-300.

［40］ TIAN Y，SHIRINZADEH B，ZHANG D，et al. Effects of the heat source profiles on the thermal distribution for ultraprecision grinding [J]. Precision Engineering，2009，33（4）：447-458.

［41］ 张磊. 单程平面磨削淬硬技术的理论分析和试验研究 [D]. 济南：山东大学，2006.

［42］ 郭国强，安庆龙，林立芳，等. 成形磨削温度的理论与试验分析[J]. 机械工程学报，2018，54（3）：203-215.

［43］ OUTWATER J O，SHAW M C. Surface temperatures in grinding [J]. Trans ASME，1952，74：73-78.

［44］ HAHN R S. On the nature of the grinding process [J]. Proceedings 3rd Machine Tool Design and Research Conference，1962，1：129-154.

［45］ GUO C，MALKIN S. Analytical and Experimental Investigation of

Burnout in Creep-Feed Grinding [J]. CIRP Annals, 1994, 43（1）: 283-286.

[46] DESRUISSEAUX N R, ZERKLE R D. Temperatures in semi-infinite and cylindrical bodies subject to moving heat sources and surface cooling [J]. Journal of Heat Transfer, 1970, 92（3）: 456-464.

[47] SHAFTO G R. Creep-feed grinding [D]. Bristol: University of Bristol, 1975.

[48] LAVINE A S, MALKIN S, JEN T C. Thermal Aspects of Grinding with CBN Wheels [J]. Annals of the CIRP, 1989, 38（1）: 557-560.

[49] 蔡光起, 郑焕文. 钢坯磨削温度的若干试验研究 [J]. 东北工学院学报, 1985（4）: 74-79.

[50] 刘晓初, 赵传, 覃哲, 等. 超高速磨削过程中磨削热分布率的研究 [J]. 组合机床与自动化加工技术, 2017（8）: 5-9.

[51] 王西彬, 任敬心. 磨削温度及热电偶测量的动态分析 [J]. 中国机械工程, 1997（6）: 77-80.

[52] 高航, 李剑. 磨削温度场通式及其计算机仿真分析 [J]. 东北大学学报, 2004（6）: 574-577.

[53] 巩亚东, 周俊, 周云光, 等. 镍基单晶高温合金微尺度磨削温度仿真 [J]. 东北大学学报（自然科学版）, 2018, 39（1）: 82-86.

[54] 易军, 龚志峰, 易涛, 等. 齿根过渡圆弧对全齿槽成形磨削温度和残余应力影响的研究 [J]. 中国机械工程, 2022（6）: 1278-1286.

[55] 王晓铭, 张建超, 王绪平, 等. 不同冷却工况下的磨削钛合金温度场模型及验证 [J]. 中国机械工程, 2021, 32（5）: 572-578, 586.

[56] 奚欣欣, 陈涛, 丁文锋. TiAl 合金低压涡轮叶片榫头磨削温度场研究 [J]. 金刚石与磨料磨具工程, 2020, 40（5）: 17-22.

[57] 李晓强, 戴士杰, 张慧博. 基于环形非均匀热源的磨削温度场建模与实验研究 [J]. 表面技术, 2020, 49（5）: 343-353.

[58] 马爽，李勋，崔伟，等. GH4169 叶片悬臂插磨表面完整性及参数优化研究 [J]. 航空制造技术，2016（18）：102-108.

[59] RUZZI R D，DE P R L，DA S L R R，et al. Comprehensive study on Inconel 718 surface topography after grinding [J]. Tribology International，2021，158：106919.

[60] 韩璐，康仁科，张园，等. GH4169 超声辅助磨削表面完整性研究[J]. 金刚石与磨料磨具工程，2021，41（5）：46-51.

[61] XI X X，DING W F，WU Z X，et al. Performance evaluation of creep feed grinding of γ-TiAl intermetallics with electroplated diamond wheels [J]. Chinese Journal of Aeronautics，2021，34（6）：100-109.

[62] 巩亚东，张伟健，蔡明，等. 镍基单晶高温合金磨削变质层工艺试验研究 [J]. 东北大学学报（自然科学版），2020，41（6）：846-851.

[63] 蔡明，巩亚东，冯耀利，等. 镍基高温合金磨削表面工艺性能试验研究 [J]. 东北大学学报（自然科学版），2019，40（2）：234-238.

[64] SALONITIS K，KOLIOS A. Experimental and numerical study of grind-hardening-induced residual stresses on AISI 1045 Steel [J]. International Journal of Advanced Manufacturing and Technology，2015，79（9-12）：1443-1452.

[65] 徐九华，张志伟，傅玉灿. 镍基高温合金高效成型磨削的研究进展与展望 [J]. 航空学报，2014，35（2）：351-360.

[66] 傅玉灿，孙方宏，徐鸿钧. 缓进给断续磨削时射流冲击强化磨削弧区换热的实验研究 [J]. 南京航空航天大学学报，1999，（2）：36-40.

[67] 孙方宏，傅玉灿，徐鸿钧，等. 断续缓磨射流冲击强化磨削弧区换热的实验研究 [J]. 航空精密制造技术，1999，（1）：27-29.

[68] 孙方宏，陈明，徐鸿钧，等. 磨削弧区采用径向射流冲击强化换热的试验研究 [J]. 工具技术，1999，（10）：3-6.

[69] 孙方宏，陈明，徐鸿钧. 缓进给磨削时磨削弧区径向射流冲击强化换

热技术的应用［J］. 上海交通大学学报，2000，（10）：1320-1324.

［70］武志斌，徐鸿钧，肖冰. 磨削弧区强化换热装置的改进［J］. 南京航空航天大学学报，2001，（2）：163-165.

［71］武志斌，肖冰，徐鸿均. 难加工材料磨削弧区强化换热的研究［J］. 航空工程与维修，2001，（1）：26-27.

［72］徐鸿钧，傅玉灿，孙方宏，等. 高效磨削时弧区热作用机理与强化弧区换热的基础研究［J］. 中国科学 E 辑：技术科学，2002，（3）：296-307.

［73］彭锐涛，刘开发，黄晓芳，等. 流道结构对加压内冷却开槽砂轮磨削性能的影响［J］. 机械工程学报，2019，55（13）：212-223.

［74］彭锐涛，李仲平，黄晓芳，等. 加压内冷却方法在高温合金磨削中的应用［J］. 中国机械工程，2017，28（16）：2008-2015.

［75］彭锐涛，吴艳萍，唐新姿，等. 流道出口位置对加压内冷却砂轮磨削性能的影响［J］. 中国机械工程，2020，31（4）：489-497.

［76］廖映华，张捷. 内冷却平面磨削供液系统设计［J］. 液压与气动，2011，（8）：33-35.

［77］张良栋，廖映华，张捷，等. 内冷却砂轮工装研制［J］. 机械设计与制造，2011，（3）：102-104.

［78］张捷，张会改，廖映华，等. 内冷式砂轮的流道设计及分析［J］. 机械设计与制造，2010，（4）：36-38.

［79］廖映华，张捷，张良栋. 内冷却平面磨削实验研究［J］. 现代制造工程，2012，（9）：75-78.

［80］霍文国，蔡兰蓉，王金城，等. 叶轮增压式内喷润滑砂轮基体结构设计［J］. 天津职业技术师范大学学报，2013，23（4）：11-14.

［81］陈晓梅，张德明，靖崇龙，等. 微孔砂轮射流冲击内外冷却技术在钛合金磨削中的应用研究［J］. 机械设计与制造，2010，（8）：71-73.

［82］高航，王继先，兰雄侯. 一种适于低温冷气内冷却的 CBN 砂轮的研制［J］. 金刚石与磨料磨具工程，2001，（5）：9-10.

［83］ SHI C F，LI X，CHEN Z T. Design and experimental study of a micro-groove grinding wheel with spray cooling effect ［J］. Chinese Journal of Aeronautics，2014，27（2）：407-412.

［84］ NADOLNY K. Small-dimensional sandwich grinding wheels with a centrifugal coolant provision system for traverse internal cylindrical grinding of steel 100Cr6 ［J］. Journal of Cleaner Production，2015，93：354-363.

［85］ NGUYEN T，ZHANG L C. Modelling of the mist formation in a segmented grinding wheel system ［J］. International Journal of Machine Tools and Manufacture，2005，45（1）：21-28.

［86］ NGUYEN T，ZHANG L C. Performance of a new segmented grinding wheel system ［J］. International Journal of Machine Tools and Manufacture，2009，49（3-4）：291-296.

［87］ 马可. 基于热管技术的磨削弧区强化换热基础研究 ［D］. 南京：南京航空航天大学，2011.

［88］ 苏宏华，马可，傅玉灿，等. 环形热管砂轮强化磨削弧区换热研究 ［J］. 南京航空航天大学学报，2012，44（2）：233-239.

［89］ 傅玉灿，陈佳佳，赫青山，等. 基于热管技术的磨削弧区强化换热研究 ［J］. 机械工程学报，2017，53（7）：189-199.

［90］ 赫青山，傅玉灿，陈佳佳，等. 热管砂轮磨削高温合金 GH4169 实验研究 ［J］. 金刚石与磨料磨具工程，2013，33（4）：5-9.

［91］ 陈琛，傅玉灿，赫青山，等. 热管砂轮缓进给深切磨削钛合金试验 ［J］. 航空制造技术，2014，（12）：78-82.

［92］ HE Q S，FU Y C，XU H J，et al. Investigation of a heat pipe cooling system in high-efficiency grinding ［J］. International Journal of Advanced Manufacturing and Technology，2014，70（5-8）：833-842.

［93］ CHEN J J，FU Y C，HE Q S，et al. Environmentally friendly machining with a revolving heat pipe grinding wheel [J]. Applied Thermal Engineering, 2016, 107: 719-727.

[94] HE Q S, FU Y C, CHEN J J, et al. Experimental investigation of cooling characteristics in wet grinding using heat pipe grinding wheel [J]. International Journal of Advanced Manufacturing and Technology, 2018, 97 (1-4): 621-627.

[95] 陈佳佳, 傅玉灿, 钱宁, 等. 成型面干磨削用旋转热管砂轮换热性能研究 [J]. 机械工程学报, 2021, 57 (3): 267-276.

[96] QIAN N, FU Y C, CHEN J J, et al. Axial rotating heat-pipe grinding wheel for eco-benign machining: A novel method for dry profile-grinding of Ti-6Al-4V alloy [J]. Journal of Manufacturing Processes, 2020, 56: 216-227.

[97] 王洋, 傅玉灿, 陈佳佳, 等. 基于轴向旋转热管砂轮的钛合金成型磨削试验研究 [J]. 机械制造与自动化, 2019, 48 (1): 1-4+14.

[98] CHEN J J, FU Y C, QIAN N, et al. Investigation on cooling behavior of axially rotating heat pipe in profile grinding of turbine blade slots [J]. Applied Thermal Engineering, 2021, 182: 116031.

[99] 彭昭玮, 袁华. Ni-Fe 合金镀层的微观结构与耐腐蚀性 [J]. 热加工工艺, 2021, 50 (18): 95-99.

[100] 孟丹. 电镀金属结合剂砂轮磨粒特征的检测 [J]. 装备制造技术, 2009, (8): 9-11.

[101] 梁国星, 吕明, 刘圣晨, 等. 电镀单层 CBN 薄片砂轮磨粒分布的实验研究 [J]. 中国机械工程, 2012, 23 (7): 762-766.

[102] STARKOV V K, POLKANOV E G. Investigation of performance of tools with reduced cBN concentration in grinding hardened steels [J]. Journal of Superhard Materials, 2014, 36: 415-420.

[103] STARKOV V K, POLKANOV E G. The influence of composition on

hardness of grinding wheels with a reduced cBN concentration [J]. Journal of Superhard Materials，2015，37：44-47.

[104] 朱建辉，闫宁，师超钰，等. 低浓度陶瓷 CBN 砂轮磨削性能分析 [J]. 机械设计与研究，2018，34（1）：150-153.

[105] 师超钰，朱建辉，孙鹏辉，等. 低浓度陶瓷 CBN 砂轮有效磨粒统计及磨削性能研究 [J]. 现代制造工程，2018，（12）：119-123.

[106] 高航，刘金龙. 复合电沉积超薄金刚石切割片磨粒分布的均匀性 [J]. 材料科学与工程学报，2010，28（4）：477-480＋497.

[107] 师超钰，冯克明，朱建辉. 电镀砂轮磨粒等高性影响磨削性能研究 [J]. 中国测试，2016，42（8）：135-140.

[108] GODINO L，POMBO I，SANCHEZ J A，et al. On the development and evolution of wear flats in microcrystalline sintered alumina grinding wheels [J]. Journal of Manufacturing Processes，2018，32：494-505.

[109] FUJIMOTO M，ICHIDA Y. Micro fracture behavior of cutting edges in grinding using single crystal cBN grains [J]. Diamond and Related Materials，2008，17（7-10）：1759-1763.

[110] YAMADA K，UEDA T，HOSOKAWA A. A study on aspects of attrition wear of cutting grains in grinding process [J]. International Journal of Precision Engineering and Manufacturing，2011，12（6）：965-973.

[111] DING W F，XU J H，CHEN Z Z，et al. Grain wear of brazed polycrystalline CBN abrasive tools during constant-force grinding Ti-6Al-4V alloy [J]. International Journal of Advanced Manufacturing and Technology，2011，52：969-976.

[112] DING W F，ZHU Y J，ZHANG L C，et al. Stress characteristics and fracture wear of brazed cBN grains in monolayer grinding wheels [J]. Wear，2015，332-333：800-809.

[113] GAO S W，YANG C Y，XU J H，et al. Wear behavior of

monolayer-brazed CBN wheels with small diameter during internal traverse grinding [J]. International Journal of Advanced Manufacturing and Technology，2018，94：1221-1228.

[114] LI P，JIN T，XIAO H，et al. Topographical characterization and wear behavior of diamond wheel at different processing stages in grinding of N-BK7 optical glass [J]. Tribology International，2020，151：106453.

[115] LI G X，YI S，WEN C E，et al. Wear mechanism and modeling of tribological behavior of polycrystalline diamond tools when cutting Ti6Al4V [J]. Journal of Manufacturing Science and Engineering，2018，140：121011.

[116] BHADURI D，CHATTOPADHYAY A K. Effect of pulsed DC CFUBM sputtered TiN coating on performance of nickel electroplated monolayer cBN wheel in grinding steel [J]. Surface & Coatings Technolog，2010，204：3818-3832.

[117] DING W F，XU J H，CHEN Z Z，et al. Wear behavior and mechanism of single-layer brazed CBN abrasive wheels during creep-feed grinding cast nickel-based superalloy [J]. International Journal of Advanced Manufacturing and Technology，2010，51：541-550.

[118] OKUMIYA M，TSUNEKAWA Y，SAIDA T，et al. Creation of high strength bonded abrasive wheel with ultrasonic aided composite plating [J]. Surface & Coatings Technolog，2003，169：112-115.

[119] LI X K，WOLF S，ZHU T X，et al. Modelling and analysis of the bonding mechanism of CBN grains for electroplated superabrasive tools-Part 1：Introduction and application of a novel approach for determining the bonding force and the failure modes [J]. International Journal of Advanced Manufacturing and Technology，2015，76：2051-2058.

［120］ ZHANG B，LI X B，LI D. Assessment of thermal expansion coefficient for pure metals ［J］. Calphad-Comput Coupling Ph Diagrams Thermochem，2013，43：7-17.

［121］ SHI Z Y，LI X，DUAN N M，et al. Evaluation of tool wear and cutting performance considering effects of dynamic nodes movement based on FEM simulation ［J］. Chinese Journal of Aeronautics，2021，34：140-152.

［122］ ZHANG J Z，TAN X M，LIU B，et al. Investigation for convective heat transfer on grinding work-piece surface subjected to an impinging jet ［J］. Applied Thermal Engineering，2013，51（1-2）：653-661.

［123］ ZHANG X P，LI C H，ZHANG Y B，et al. Lubricating property of MQL grinding of Al_2O_3/SiC mixed nanofluid with different particle sizes and microtopography analysis by cross-correlation ［J］. Precision Engineering，2017，47：532-545.

［124］ NGUYEN T，ZHANG L C. Grinding-hardening using dry air and liquid nitrogen：Prediction and verification of temperature fields and hardened layer thickness ［J］. International Journal of Machine Tools and Manufacture，2010，50（10）：901-910.

［125］ 刘玉庆. 基于低温喷雾射流冷却的阻燃钛合金铣削加工研究［D］. 南京：南京航空航天大学，2013.

［126］ 朱梅林. 涡轮增压器原理［M］. 北京：国防工业出版社，1982.

［127］ 朱大鑫. 涡轮增压与涡轮增压器［M］. 北京：机械工业出版社，1992.

［128］ 谢星，王红彪，李振林，等. 带分流叶片离心式风机叶轮优化设计［J］. 流体机械，2021，49（10）：21-28.

［129］ 李光，梁国星，宋金鹏，等. 单层电镀 CBN 砂轮磨削区分界线位置的实验研究［J］. 机械设计与制造，2017，（6）：116-119.

［130］ 曹鹏飞，梁国星，吕明，等. 窄深槽磨削加工过程的热分布研究［J］.

科学技术与工程，2020，20（29）：11909-11914.

[131] AURICH J C，KIRSCH B，HERZENSTIEL P，et al. Hydraulic design of a grinding wheel with an internal cooling lubricant supply [J]. Production Engineering-Research and Development，2011，5（2）：119-126.

[132] 赵狄，梁国星，吕明，等. 基于 Fluent 的高速磨削风冷结构设计与流场分析 [J]. 现代制造工程，2016，（6）：104-110.

[133] 彭锐涛，张珊，唐新姿，等. 加压内冷却砂轮的研制及磨削性能研究 [J]. 机械工程学报. 2017，53（19）：187-194.

[134] 申屠云奇，宋煜晨，尹俊连，等. 扩散角对文丘里管内湍流影响的试验研究 [J]. 核动力工程，2021，42（2）：16-22.

[135] AURICH J C，KIRSCH B. Improved coolant supply through slotted grinding wheel [J]. CIRP Annals-Manufacturing Technology，2013，62（1）：363-366.

[136] 郎慧勤. 机床主轴动平衡及其平衡精度标准选择 [J]. 机床，1984，（4）：26-29.

[137] HANEDA Y，TAKEUCHI Y，TERAMOTO H，et al. Enhancement of impinging jet heat transfer on inner half-cylinder using two semicircular plates mounted near both sides of the convex curved exit [J]. International Journal of Thermal Sciences，2019，138：174-189.

[138] 江湘颜，刘爱强，肖帆. 整体硬质合金刀具磨削液流场分析 [J]. 工具技术，2020，54（3）：42-45.

[139] 张兴中，黄文，刘庆国. 传热学 [M]. 北京：国防工业出版社，2011.

[140] LI G，LIANG G X，SHEN X Q，et al. Investigation of the wear behavior of abrasive grits in a dry machining Inconel 718 narrow-deep-groove with a single-layer cubic boron nitride grinding wheel [J]. International Journal of Advanced Manufacturing and Technology，2021，117：

1061-1076.

[141] DAI J B, DING W F, ZHANG L C, et al. Understanding the effects of grinding speed and undeformed chip thickness on the chip formation in high-speed grinding [J]. International Journal of Advanced Manufacturing and Technology, 2015, 81: 995-1005.

[142] ZHANG Y Z, FANG C F, HUANG G Q, et al. Modeling and simulation of the distribution of undeformed chip thicknesses in surface grinding [J]. International Journal of Machine Tools and Manufacture, 2018, 127: 14-27.

[143] DAI C W, YIN Z, DING W F, et al. Grinding force and energy modeling of textured monolayer CBN wheels considering undeformed chip thickness nonuniformity [J]. International Journal of Mechanical Sciences, 2019, 157-158: 221-230.

[144] ZHU Y J, DING W F, RAO Z W, et al. Effect of grinding wheel speed on self-sharpening ability of PCBN grain during grinding of nickel-based superalloys with a constant undeformed chip thickness [J]. Wear, 2019, 426-427: 1573-1583.

[145] DAI J B, SU H H, FU Y C, et al. The influence of grain geometry and wear conditions on the material removal mechanism in silicon carbide grinding with single grain [J]. Ceramics International, 2017, 43 (15): 1197-1198.

[146] LI W, WANG Y, FAN S H, et al. Wear of diamond grinding wheels and material removal rate of silicon nitrides under different machining conditions [J]. Materials Letters, 2007, 61 (1): 54-58.

[147] DENKENA B, GOTTWIK L, GROVE T, et al. Temperature and energy partition for grinding of mixed oxide ceramics [J]. Production Engineering, 2017, 11: 409-417.

［148］GAO T，LI C H，YANG M，et al. Mechanics analysis and predictive force models for the single-diamond grain grinding of carbon fiber reinforced polymers using CNT nano-lubricant［J］. Journal of Materials Processing Technology，2021，290：116976.

［149］MA Z L，WANG Q H，CHEN H，et al. A grinding force predictive model and experimental validation for the laser-assisted grinding（LAG）process of zirconia ceramic［J］. Journal of Materials Processing Technology，2022，302：117492.

［150］LI H B，CHEN T，DUAN Z Y，et al. A grinding force model in two-dimensional ultrasonic-assisted grinding of silicon carbide［J］. Journal of Materials Processing Technology，2022，304：117568.

［151］LI B K，DAI C W，DING W F，et al. Prediction on grinding force during grinding powder metallurgy nickel-based superalloy FGH96 with electroplated CBN abrasive wheel［J］. Chinese Journal of Aeronautics，2021，43（8）：65-74.

［152］LI L F，REN X K，FENG H J，et al. A novel material removal rate model based on single grain force for robotic belt grinding［J］. Journal of Manufacturing Processes，2021，68：1-12.

［153］ZHENG Z D，HUANG K，LIN C T，et al. An analytical force and energy model for ductile-brittle transition in ultra-precision grinding of brittle materials［J］. International Journal of Mechanical Sciences，2022，220：107107.

［154］郑善良. 磨削基础［M］. 上海：上海科学技术出版社，1988.

［155］YAN L，RONG Y M，JIANG F，et al. Three-dimension surface characterization of grinding wheel using white light interferometer ［J］. International Journal of Advanced Manufacturing and Technology，2011，55：133-141.

［156］任敬心，华定安. 磨削原理［M］. 北京：电子出版社，2011.

［157］李伯民，赵波. 现代磨削技术［M］. 北京：机械工业出版社，1996.

［158］DAI C W，DING W F，ZHU Y J，et al. Grinding temperature and power consumption in high speed grinding of Inconel 718 nickel-based superalloy with a vitrified CBN wheel［J］. Precision Engineering，2018，52：192-200.

［159］MALKIN S，GUO C S. Grinding technology-Theory and applications of machining with abrasives［M］. New York：Industrial Press，2008.

［160］臼井英治. 切削磨削加工学［M］. 高希正，刘德忠，译. 北京：机械工业出版社，1982.

［161］ZHANG S Q，YANG Z X，JIANG R S，et al. Effect of creep feed grinding on surface integrity and fatigue life of Ni3Al based superalloy IC10［J］. Chinese Journal of Aeronautics，2021，34（1）：438-448.

［162］ZHAO Z C，QIAN N，DING W F，et al. Profile grinding of DZ125 nickel-based superalloy：Grinding heat，temperature field，and surface quality［J］. Journal of Manufacturing Processes，2020，57：10-22.

［163］JIN T，STEPHENSON D J，XIE G Z，et al. Investigation on cooling efficiency of grinding fluids in deep grinding［J］. Cirp Annals-Manufacturing Technology，2011，60（1）：343-346.

［164］杨婧，王小军，杨祺. 冲击射流换热研究进展［J］. 真空与低温，2018，24（4）：217-222.

［165］陈振华，崔成成，董奇，等. 涡轮机匣弯曲靶面冲击射流换热特性研究［J］. 重庆理工大学学报（自然科学），2021，35（4）：182-193.

［166］HADAD M，SADEGHI B. Thermal analysis of minimum quantity lubrication-MQL grinding process［J］. Journal of Machine Tools and Manufacture，2012，63：1-15.

［167］ROWE W. B，MORGAN M. N，BLACK S. C. E，et al. A simplified approach to control of thermal damage in grinding ［J］. CIRP Annals，1996，45（1）：299-302.

［168］ BELL A，JIN T，STEPHENSON D J. Burn threshold prediction for high efficiency deep grinding［J］. International Journal of Machine Tools and Manufacture，2011，51（6）：433-438.

［169］ 周增宾. 磨削加工速查手册［M］. 北京：机械工业出版社，2012.

［170］ 毛聪. 平面磨削温度场及热损伤的研究［D］. 长沙：湖南大学，2008.

［171］ 赵恒华. 超高速磨削成屑机理探讨研究［D］. 沈阳：东北大学，2004.

［172］ 曹甜东. 磨削工艺技术［M］. 辽宁：辽宁科学技术出版社，2009.

［173］ MAKSOUD T M A. Heat transfer model for creep-feed grinding ［J］. Journal of Materials Processing Technology，2005，168（3）：448-463.

［174］ 王德祥. 滚动轴承内圈滚道磨削残余应力研究［D］. 济南：山东大学，2015.

［175］ 陈明，朱明武. 浦学锋. GH4169 磨削烧伤机理研究［J］. 南京理工大学学报，1995，19（2）：152-155.

［176］ 任小平. 高温合金GH4169 车削加工表面完整性及抗疲劳加工工艺研究［D］. 济南：山东大学. 2019.

［177］ 姚阳. 微细切削加工机理和基于切削比能的表面完整性研究［D］. 济南：山东大学，2021.